Inteligencia Artificial *Miguel D'Addario*

Inteligencia Artificial *Miguel D'Addario*

ISBN: 9781093634013

Inteligencia Artificial

Tratados, aplicaciones, usos y futuro

Miguel D'Addario
PhD

Primera edición

Comunidad europea

2019

Índice

Acerca del autor / 11

Introducción / 13
    ¿Qué es la Inteligencia Artificial? / 19
    ¿Cómo saber si una maquina es inteligente? / 21
    La prueba de Turing
    La habitación china de J. Searle / 22
    Algoritmos / 24

Tipos de Inteligencia Artificial / 25
    Inteligencia Artificial débil
    Inteligencia Artificial fuerte
    Sistemas de la Inteligencia Artificial
    Ramas de la Inteligencia Artificial
    Sistemas neuronales artificiales (ANS) / 26
    La IA en la robótica / 28
    Vida artificial / 29
    La medicina / 30
    Problemas de la Inteligencia Artificial

Ramas de la Inteligencia Artificial / 34
    Inteligencia Artificial Computacional
    Inteligencia Artificial convencional
    Computación evolutiva
    Sistemas difusos / 35
    Sistemas expertos
    Inteligencia Artificial basada en comportamientos
    Redes neuronales
    Comparación entre humanos y máquinas / 36
    Las neuronas y el aprendizaje / 38
    Activación de las neuronas y su representación / 40

Historia de la IA / 42
    Escuelas de pensamiento / 43
    Inteligencia Artificial computacional / 44
    La inteligencia: Diferentes teorías y definiciones / 47
    Limitaciones físicas y espacio / temporales / 48
    Inteligencias múltiples / 50

Características de la IA / 55
    Problemas de la IA. Aplicaciones de la IA
    ¿Qué es una técnica de IA? El algoritmo / **59**
    Diferencias entre el cerebro y una computadora / **63**
    Robótica. Características / **64**
    Programa fijo y programa modificado por procesamiento
    Funcionamiento básico de la Inteligencia Artificial / **72**
    Diferentes teorías. Símbolos vs. Métodos numéricos
    Alfabeto del lenguaje de la lógica de primer orden / **74**
    Contiene dos tipos de símbolos
    Biología artificial. Cuestión filosófica de la Vida Artificial
    Perspectivas futuras de la Vida Artificial / **80**

Redes neuronales / 85
    Red Neuronal Artificial / **89**
    Modelos de Redes Neuronales / **91**
    Evolución. Diagrama de una neurona artificial / **93**

Tecnología de la Inteligencia Artificial / 95
    Los ordenadores no tienen autoconciencia
    Características de la Inteligencia Artificial / **97**
    Objetivos de la Investigación en la Inteligencia Artificial
    Base de conocimiento. Sistema basado en conocimiento
    Experiencia, habilidades y conocimiento / **100**
    Tecnología de los sistemas basados en conocimiento
    Tecnologías involucradas / **102**
    Sistemas de desarrollo / **103**
    Algunos casos y antecedentes históricos / **104**
    Agentes autónomos. Otras aplicaciones. Robótica

Prototipos de la IA / 107
    Reflexión. Desarrollo / **109**

Áreas donde se utiliza la IA / 118
    Aplicación en la Ingeniería Civil
    IA en la agricultura / **119**
    Generaciones de la IA en la agricultura / **120**
    Primera generación
    Segunda generación / **121**
    Tercera generación
    La IA y la educación / **122**
    En la actualidad / **123**

Inteligencia Artificial *Miguel D'Addario*

La clase virtual del futuro / **125**
Libros inteligentes / **126**
Inteligencia Artificial en la Industria / **127**
Análisis de las Necesidades de un Robot / **128**
Inteligencia Artificial en la robótica / **129**
Conquista espacial
Lanzan innovadores robots espaciales
Reconfigurable Integrated Multi Robot Exploration System / **130**
Kirobo. Robots / **131**
Los sensores inteligentes / **137**
¿Qué son los sensores inteligentes?
Sensores primitivos vs sensores inteligentes / **138**
Marco metodológico / **140**
Inteligencia Artificial en la empresa
Solvencia empresarial / **141**
IA en la cibernética / **146**
IA en Ciborgs. Prótesis / **152**
Brazo robótico para discapacitados
Ojo electrónico / **153**
Ventajas y aplicaciones en un futuro ficticio
Ciborg el ser del futuro. Reflexión / **154**
Inteligencia Artificial y sociedad / **157**
El hombre y los robots / **163**
Ordenadores emocionales / **173**
Personas y los ordenadores / **175**
El hombre bicentenario / **177**
Realidad virtual / **180**
La bibliometría y su aplicación / **181**
Indicadores de ciencia y tecnología / **184**

Futuro de la IA / *189*
  IA: ¿Avance tecnológico o amenaza social?

Glosario de términos / *208*

Bibliografía / *233*

Acerca del autor

Miguel D'Addario es italiano. Licenciado en Periodismo, Máster en Sociología y Doctorado en Comunicación Social por la Universidad Complutense de Madrid. Ha desarrollado su experiencia en diversos campos de la docencia, desde la Formación Profesional hasta el nivel Universitario, tanto en Iberoamérica como en Europa. Sus libros se encuentran en diferentes centros de estudios y bibliotecas del mundo, como por ejemplo la Universidad San Pablo de Perú, Universidad de Santo Domingo la República Dominicana, Universidad de San Gregorio de Ecuador, Universitat de Valencia, Biblioteca Nacional de España, Biblioteca Nacional de Argentina, Universidad de Texas, Universidad Complutense de Madrid, Universidad de Toronto, Canadá, Universidad de Deusto, Universidad Nacional Autónoma de México, Universidad Nacional Mayor de San Marcos (Perú), Universidad de Illinois, Universidad de Kansas, Bibliotecas de la Comunidad de Madrid, Castilla y león, Andalucía, y País Vasco, Biblioteca Nacional Británica, Universidad de Harvard, Biblioteca del Congreso de los Estados Unidos. PhD y ensayista, ha recibido premios y menciones de Asociaciones de escritores, Centros Culturales, Universidades, y sedes afines. Igualmente, como Ponente, Conferenciante e Investigador, en Universidades, Centros educacionales, públicos y privados. Autor de libros artísticos: Poesía, Cuento y Relatos. Autor de libros educativos, de variados niveles y temarios. Autor de libros de filosofía, ontología y metafísica. Autor de libros de Autoayuda y Coaching. Sus libros están distribuidos en los cinco Continentes, son de consulta asidua en Bibliotecas del mundo, y se encuentran inscritos en los catálogos, ISBNs y bases bibliográficas Internacionales. Son traducidos a múltiples idiomas y pueden encontrarse en los bookstores internacionales, tanto en formato papel como en versión electrónica.

Webs donde conocer y/o adquirir otras obras del autor:

http://migueldaddariobooks.blogspot.com

Introducción

La inteligencia artificial (IA) es una ciencia con un amplio campo de estudio dedicado al estudio del cerebro humano y la inteligencia, con el fin de modelar matemáticamente diferente lógica y procesos que ayuden a facilitar y automatizar problemas en diferentes áreas de conocimiento. Sus aplicaciones son variadas y están presentes en muchos ámbitos en los que su modelo principal es el ser humano, y hay que tener en cuenta los diferentes problemas que se presentan. Se considera generalmente que el origen remoto de la "Inteligencia Artificial" se remonta a los intentos por crear autómatas, que simulasen la forma y las habilidades de los seres humanos. Pero el origen inmediato del concepto y de los criterios de desarrollo de la IA se remonta a la intuición del matemático inglés Alan Turing y el apelativo "Inteligencia Artificial" se debe a McCarthy, uno de los integrantes del "Grupo de Darmouth", un grupo de investigadores que se reunió en 1956 en el Darmouth College (Estados Unidos), para discutir la posibilidad de construir máquinas que no se limitaran a hacer cálculos prefijados sino operaciones genuinamente "inteligentes". En primer lugar, revisemos algunas definiciones generales de inteligencia, antes de intentar definir inteligencia artificial. Inteligencia es la aptitud de crear relaciones. Esta creación puede darse de manera puramente sensorial, como en la inteligencia animal; también puede darse de manera intelectual, como en el ser humano, que pone en juego el lenguaje y los conceptos. También se la puede conceptuar como la habilidad para adquirir, comprender y aplicar conocimiento; o como la aptitud para recordar, pensar y razonar. La IA es una nueva generación de tecnología informática, caracterizada no sólo por su arquitectura (hardware), sino también por sus capacidades. El énfasis de generaciones previas fue en las computaciones numéricas para aplicaciones científicas o de negocios. La nueva generación de tecnología informática incluye además la manipulación simbólica, con el objetivo de emular el comportamiento inteligente; y, la computación en paralelo, para tratar de conseguir resultados prácticamente en tiempo real. La capacidad predominante de la nueva generación, también conocida como la Quinta Generación, es la habilidad de emular (y tal vez en algunos casos superar) ciertas funciones inteligentes del ser humano. La Inteligencia Artificial comenzó como el resultado de la investigación en psicología cognitiva y lógica matemática. Se ha enfocado sobre la explicación del trabajo mental y construcción de algoritmos de solución a problemas de propósito general. Punto de vista que favorece la abstracción y la generalidad. La Inteligencia Artificial es una combinación de la ciencia del computador, fisiología y filosofía, tan general y amplio como eso, es que reúne varios campos (robótica, sistemas expertos, por ejemplo), todos los cuales tienen en común la creación de máquinas que pueden "pensar". La idea de construir una máquina que pueda ejecutar tareas percibidas como requerimientos de inteligencia humana es un atractivo. Las tareas que han sido estudiadas desde este punto de vista incluyen juegos, traducción de idiomas, comprensión de idiomas, diagnóstico de fallas, robótica, suministro de asesoría experta en diversos temas. Es así como los sistemas de administración de base de datos cada vez más sofisticados, la estructura de datos y el desarrollo de algoritmos de inserción, borrado y locación de datos, así como el intento de crear máquinas capaces de realizar tareas que son pensadas como típicas del ámbito de la inteligencia humana, acuñaron el término Inteligencia Artificial en 1956. Trabajos teóricos fundamentales fueron el desarrollo de algoritmos matemáticos por Warren McCulloch y Walter Pitts, en 1943, necesarios para posibilitar el trabajo de clasificación, o funcionamiento en sentido general, de una red neuronal. En 1949 Donald Hebb desarrolló un algoritmo de aprendizaje para dichas redes neuronales creando, en conjunto con los trabajos de McCulloch y Pitts, la escuela creacionista. Esta escuela se considera hoy como el origen de la Inteligencia Artificial, sin embargo, se trató poco por muchos años, dando paso al razonamiento simbólico basado en reglas de producción, lo que se conoce como sistemas expertos.

El hombre ha tratado de explicar constantemente el pensamiento humano, de qué manera el ser humano es capaz de percibir, entender, analizar y manipular un mundo completo de misterios. La inteligencia artificial intenta construir no solo comprender una entidad inteligente. La IA es una de las ciencias más recientes, se comenzó a estudiar poco después de la segunda guerra mundial, en 1956 se le dio su nombre. La inteligencia artificial nace en este año de Dartmouth, en Hanover Estados Unidos en una reunión en la que participaron en lo que más tarde serían los investigadores principales del área, se redactó una propuesta en la que aparece por primera vez el término «inteligencia artificial». Sus campos todavía tienen muchos flecos por cerrar muchas cosas en que trabajar por lo cual podría haber muchos Einstein trabajando a tiempo completo.

Según el profesor José Malpica la inteligencia artificial es la rama de las ciencias de la computación que estudia el software y hardware necesarios para simular el comportamiento y compresión de los humanos. La IA tiene varios objetivos entre los cuales se pueden debatir y explicar la necesidad de crear máquinas con inteligencia artificial que sean capaces de discernir, pensar y razonar en la forma en que los humanos los hacen, simulando sus sentimientos y que sean capaces de ser conscientes, de aquí surgen muchos y grandes problemas para definir la inteligencia de varias formas, analizando desde muchos puntos de vista, uno de los problemas que son difíciles de simular es la conciencia, una cualidad humana que hace que nos demos cuenta de nuestra existencia. La inteligencia artificial, un área en la que comenzó trabajando Marvin Minsky en 1956, está muy ligada a la computación y a otras áreas del conocimiento informático, pretende tener la posibilidad de crear maquinas inteligentes y distingue dos tipos de inteligencia, natural y artificial. Durante los principios de la IA, existió una gran expectativa alrededor de la misma con la intensión de un avance de una inteligencia artificial igual a la de las personas, consiguiendo una computadora capaz de sentir, razonar y ser cociente por su cuenta. Debido a la tecnología que ya existía en esos tiempos de software y hardware, se pensó que sería muy fácil lograr esto, y expresar este fenómeno computacionalmente, esta corriente de investigación se conocería como IA fuerte, la IA había comenzado con objetivos muy ambiciosos, lo que en los años noventa tuvo un retroceso debido a que los resultados prácticos no avalaban con los teóricos, en muchos casos todas la ideas y objetivos se habían convertido en simples especulaciones. Hoy en día se ha conseguido simular varias situaciones con el desarrollo de hardware y software, como la toma de decisiones en asuntos comerciales. En juegos de ajedrez que vecen a los humanos, entre otros problemas puntuales.

Sin embargo, los científicos no han conseguido después de cincuenta años de IA, simular comportamientos que resulten sencillos para los humanos, como la intuición y la conciencia que todavía sigue sin avances, hoy en día se sigue debatiendo si es posible crear una computadora con razonamiento y conciencia.

¿Qué es la Inteligencia Artificial?
La inteligencia artificial puede tener varias formas de definirla, las más importantes son los procesos mentales y lo que se puede decir como la forma ideal de inteligencia el razonamiento.

El objetivo de esta ciencia es construir modelos informáticos, capaces de tener comportamientos definidos como inteligentes, en los cuales trabajan ingenieros especialistas en informática, neurociencias y ciencias de conducta.

La inteligencia artificial puede tener varias formas de definirla, las más importantes son los procesos mentales, que aluden al comportamiento y lo que se puede decir como la forma ideal de inteligencia el razonamiento.

Sistemas que piensan como humanos: «El nuevo y excitante esfuerzo de hacer que los computadores piensen... máquinas con mentes en el más amplio sentido literal» (Haugeland, 1985).

«La automatización son actividades que vinculamos con procesos de pensamiento humano, actividades como la toma de decisiones, resolución de problemas, aprendizaje...» (Bellman, 1978).

Sistemas que piensan racionalmente: «El estudio de las facultades mentales mediante el uso de modelos computacionales» (Charniak y McDermott, 1985)

«El estudio de los cálculos que hacen posible percibir, razonar y actuar» (Winston, 1992).

Sistemas que actúan como humanos: «El arte de desarrollar máquinas con capacidad para realizar funciones que cuando son realizadas por personas requieren de inteligencia» (Kurzweil, 1990).

«El estudio de como logar que los computadores realicen tareas que, por el momento los humanos hacen mejor» (Rich y Knigh, 1991).

Sistemas que actúan racionalmente: «La inteligencia computacional es el estudio del diseño de agentes inteligentes» (Poole et al... 1998).

«IA... está relacionada con conductas inteligentes en artefactos» (Nilsson, 1998).

¿Cómo saber si una maquina es inteligente?
La prueba de Turing
Existe una prueba, la invento Alan Turing para catalogar una máquina es inteligente o no.

Esta prueba evita grandes listas de cualidades y quizá controvertidas para definir si la máquina tiene inteligencia artificial.

La prueba de Turing se trata de un juego donde estarán dos personas y una máquina en habitaciones diferentes, una persona hará de juez, esta persona hará preguntas a los otros dos con la finalidad de reconocer al humano y a la máquina, sin saber cuál es cual y tan solo con etiquetas X, Y estarán comunicadas entre si vía mensajes.

En caso de que el juez después de tener la conversación no sepa cuál es el humano y cual la máquina, está habrá pasado la prueba de Turing y se declarara inteligente.

Aprobada si X no detectaba quién le respondía.

La habitación china de J. Searle

Existe un experimento usado para rebatir la validez de la prueba de Turing, se lo conoce como la habitación china fue propuesto por John Searle. El experimento trata de explicar que una máquina puede realizar actos inteligentes, pero al mismo tiempo la máquina no es consciente de su acto de inteligencia, es decir no es capaz de discernir o entender que está haciendo la máquina, solo sigue un algoritmo diseñado para tal función. El experimento nos propone que una maquina interactúa con un chino siendo este su idioma natural y habla tal cual humano con el mismo haciéndole creer al chino que está es inteligente y pasando la prueba de Turing, Searle propone, que imaginemos que se aísla dicha máquina de exterior, ahora la máquina no conoce del idioma pero tiene a su alcance diccionario e instructivos que le indicaran las reglas del idioma, de este modo y gracias a los manuales la computadora será capaz de hacer creer a la persona en el exterior que la misma sabe el idioma nativo, aunque nunca haya hablado o leído este idioma. Searle Plantea las siguientes preguntas:

¿Cómo puede responder si no entiende el idioma chino?

¿Acaso los instructivos saben chino?

¿Se puede considerar todo el sistema de la sala (diccionarios, máquina y sus respuestas) como, un sistema que entiende chino?

Entonces se realiza una operación o actividad sin entender que se está haciendo, siguiendo únicamente un algoritmo, del mismo la máquina sigue el mismo algoritmo o programa para el que fue diseñado sin entender nada. En consecuencia, este efecto, se queda tan solo en una simulación de lo que es la mente humana, como los símbolos que manipula no tienen significado para la máquina no se puede considerar realmente inteligente, por lo mucho que lo parezca.

Algoritmos

Dentro de la IA un algoritmo se define como un conjunto de reglas o procesos finitos y predeterminados, como objetivo obtener un resultado satisfactorio. Son operaciones lógicas que buscan obtener una salida o resultado a partir de una estimulación o entrada. Los algoritmos pueden ser aplicados de manera eficiente a innumerables áreas.

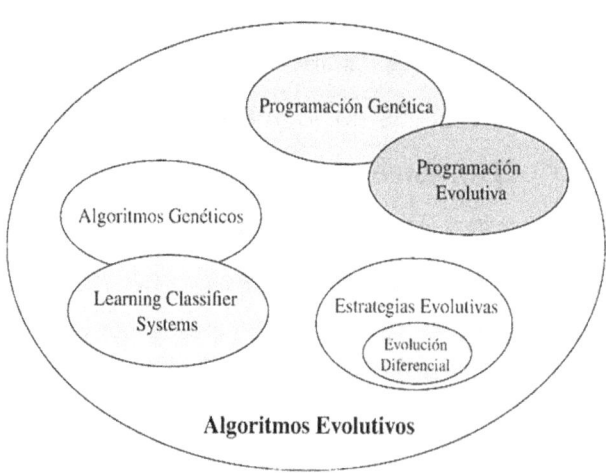

Tipos de Inteligencia Artificial

Inteligencia Artificial débil
Los partidarios de la IA débil estipulan que una máquina jamás podrá ser consciente y jamás podrá tener una inteligencia natural y su razonamiento puro, los partidarios de la inteligencia artificial débil se basan en que los ordenadores y máquinas únicamente pueden simular que razonan y actuar de forma inteligente.

Inteligencia Artificial fuerte
La IA fuerte considera que un ordenador puede tener una mente y estados mentales, y por lo tanto se puede construir un ordenador que contenga todas las capacidades de una mente humana, siendo capaz de razonar, imaginar, crear, diseñar y entre muchas cosas más que por el momento son solo utopías.

Sistemas de la Inteligencia Artificial
Ramas de la Inteligencia Artificial
Los sistemas de IA se pueden clasificar en tres categorías básicas: sistemas expertos (basado en conocimientos) y las herramientas empleadas en su

construcción, sistemas de lenguaje natural y sistemas de percepción para visión, habla y tacto.

1) Los sistemas expertos: Son programas que usan procesos de razonamiento, para resolver problemas en campos específicos del saber, ayudan a resolver problemas basados en conocimientos de humanos experimentales y habilidades. Es decir, son programas que ayudan a la solución de problemas que normalmente lo hacen expertos humanos.

2) Los sistemas de lenguaje natural: Estos sistemas comprenden y se expresan en el lenguaje del ser humano, así dando su información en una lengua que cualquier persona pueda comprender sin necesidad de aprender un lenguaje de computadora, es usado muy comúnmente en base de datos.

3) Sistemas de percepción visual, audible y táctil.: Este es todavía uno de los campos más limitados con respecto a sus capacidades, son usados en ciertas condiciones.

Sistemas neuronales artificiales (ANS)

Las redes neuronales aparecen con la finalidad de ayudarnos a solucionar problemas que con las máquinas convencionales son casi imposibles o muy tediosas de realizar, para solucionar este problema se tomaran varias características de la fisiología del cerebro como base para los nuevos modelos de procesamientos. Estas técnicas han recibido el nombre de Sistemas neuronales artificiales (ANS) o simplemente redes neuronales. Las redes Neuronales son programas de la inteligencia artificial con la capacidad de simular funciones de aprendizaje del ser humano. Una red neuronal obtiene experiencia del análisis automático y sistemático de datos proporcionados para determinar reglas de comportamiento y así realizar predicciones de nuevos casos.

Neuronas y conexiones sinápticas. Cada neurona puede tener infinitas entras llamados dendritas y se tiene solo una salida existente, el axón, estas se pueden conectar entre sí mediante la sinapsis.

En este modelo se considera que una neurona puede ser representada por una unidad binaria.

Una de las principales características y una de las más importantes de las redes neuronales es el aprendizaje adaptativo, esta característica nos permite modificar constantemente con el fin de adaptarse a nuevas condiciones de trabajo.

La IA en la robótica

La robótica es la ciencia multidisciplinaria encargada del diseño y creación de máquinas, una síntesis de la automática y la informática. La palabra robot fue usada por primera vez por Karel Capek usada en una de sus obras, proviene a partir de la palabra checa «Robota», que significa servidumbre o trabajo forzado. Hoy en día el término robot se aplica a todos los ingenios mecánicos accionados y controlados electrónicamente, capaces de llevar a cabo descarga, accionamiento de máquinas herramienta, operaciones de ensamble y soldadura entre otras, este campo está dirigido al desarrollo de las máquinas que sepan interactuar con el medio en el que desarrollan su actividad.

La inteligencia artificial entra en este campo con la finalidad de crear máquinas inteligentes capaces de realizar cálculos, pensar, razonar, elaborar juicios y tomar decisiones.

No solo eso también su interés se centra en los agentes inteligentes que manipulan el mundo físico, y un campo de gran interés es aplicar las ideas como planificación o visión artificial.

Vida artificial

La vida Artificial es «el estudio de los sistemas hechos por el hombre que exhiben los comportamientos característicos de los sistemas vivos naturales» de acuerdo con Christopher Langton. La diferencia más importante entre estas dos ramas que se pueden llegar a confundir y es un debate muy intenso en los foros de ciencia entre los grandes científicos, es su objeto de estudio.

La VA estudia la vida y explora la forma de abordar la síntesis o construcción de sistemas artificiales con propiedades exhibidas en los seres vivos, que los hace adecuados o mejorados para cierto tipo de trabajos o incluso en prótesis.

En cambio, la IA reduce su estudio y exploración a la inteligencia humana con el fin de simularlo en una máquina.

La relación entre la vida artificial y la inteligencia artificial está cada vez más cercana por lo que expertos predicen que un futuro convergerá, dado que la vida biológica y la inteligencia son mutuamente dependientes, la VA y la IA exhiben una codependencia.

La medicina

El gran avance de los medios informáticos durante los últimos años muestra el papel fundamental de las computa- doras en la esfera médica, un simple ejemplo es la Ingeniería Biomédica. El desarrollo de las diferentes técnicas de la IA aplicadas a la medicina, representan una novedosa perspectiva, que puede reducir costos, tiempo, los errores médicos, así como potenciar los recursos humanos en ramas médicas con mayores requerimientos. El desarrollo de estas áreas permitiría tener una asistencia apropiada al médico en la toma de decisiones, a los futuros profesionales durante su práctica y especial en el área de diagnóstico de enfermedades raras o difíciles de identificar.

Problemas de la Inteligencia Artificial

Las experiencias de los seres humanos son muy difíciles de traducir a un lenguaje simbólico o un lenguaje que una máquina puede interpretar e interactuar tal cual lo haría un ser humano, como por ejemplo el perfume de una flor, el sabor de una sopa, la textura de un tejido, entre otras los filósofos llaman a esta experiencia como qualia. Los qualia no se pueden describir, son experiencias únicas de los seres humanos. Para que una máquina empiece a parecer más a los humanos debe ser capaz de entender estos qualia, de darle una forma lógica-matemática, por lo que esta ciencia se encuentra frente a una muralla muy compleja y que quizás sea imposible de alcanzar. Puede que la IA este más allá de nuestras capacidades o que sea solo cuestión de tiempo, los humanos han comparado siempre el cerebro con los avances en la tecnología y en la mecánica, un fuerte crítico de la IA, Humbert compara con una metáfora que los progresos hechos en el campo equivalen a un árbol queriendo alcanzar la luna, aun así, nadie sabe si podrán resolver estos problemas planteados, la inteligencia artificial tiene un futuro incierto.

La inteligencia artificial es una de las áreas que mayor trabajo tiene debido a que sus campos son muchos y todos tienen mucho que desarrollar e investigar. La inteligencia artificial busca un modelo que tenga todas las cualidades y características de un ser humano, desde su capacidad para pensar, razonar y crear, como la capacidad para resolver problemas de la vida diaria, buscan una máquina capaz de ser humana, dependiendo de la corriente que sigan, sea la IA débil o la fuerte, inteligencia artificial débil mantiene la esencia del ser humano, alegando que las máquinas jamás podrán igualarlo, y buscan el desarrollo de la inteligencia artificial, tan solo como la solución a problemas en base a modelos del ser humano, IA fuerte en cambio busca en una máquina la recreación total del ser humano, pero es muy difícil y sigue siendo tan solo una utopía el hecho de alcanzar a una máquina capaz de tener sentimientos, de imaginar y discernir al igual que un ser humano, algunas personas piensan que esto no se lograra debido a la alta complejidad y experiencias imposibles de colocar en un código de lenguaje máquina como son las quería. estos es un problema de gran debate entre los que defiende y critican la IA, pero se podría ver al ser humano ya como una máquina programa, como un ser definido y superior dentro del mundo de las máquinas, las teorías de la creación son muchas pero se puede plantear alguna forma que somos seres automatizados y creados con la capacidad de desarrollar miles de algoritmos que nos permiten ser y considerarnos seres inteligentes, un robot con inteligencia artificial, puesto podemos considerar que todo lo que hace nuestro cerebro es en base a impulsos eléctricos, la información receptada en el exterior por nuestros sentidos de visión, olfato, oído, tacto y sabor, que llegan a nuestro cerebro en forma de entrada y estimulación y es ahí donde se procesa, mediante las neuronas, que pasan información entre sí con el fin de ordenar a nuestro cuerpo una respuesta adecuada ante tal estimulo. Considerando como una salida. Podemos considerar a nuestro Cerebro como una computadora integrada, con un procesador enorme y capaz de expandirse y adaptarse a las diferentes necesidades, este cerebro se encuentro dentro de un organismo mecánico, adaptado y diseñado para cumplir diferentes tareas que el manigordo o parte principal le asigne. Entonces somos una máquina o somos seres humanos, las posibilidades son infinitas con el avance de la ciencia y la misma tecnología sabremos si IA seguirá siendo una utopía o se convertirá en realidad.

Las aplicaciones actuales de la IA nos llevan a obtener un mundo automatizado, con el fin de agilizar los diferentes procesos y evitar errores humanos en cada uno de ellos, en la resolución de problemas y en hacer más fácil la vida de las personas.

Ramas de la Inteligencia Artificial

La inteligencia artificial está dividida en distintas ramas, aquí solo nombrare algunas ya que la IA abarca muchos más temas. Algunas de ellas son:

Inteligencia Artificial Computacional
La inteligencia computacional implica desarrollo o aprendizaje iterativo. El aprendizaje se realiza basándose en datos empíricos.

Inteligencia Artificial convencional
La inteligencia artificial convencional tiene que ver con métodos que actualmente se conocen como máquinas de aprendizaje, se caracteriza por el formalismo y el análisis estadístico.

Computación evolutiva
Aplica conceptos inspirados en la biología, tales como población, mutación y supervivencia del más apto para generar soluciones sucesivamente mejores para un problema. Estos métodos a su vez se dividen en algoritmos evolutivos (ej. algoritmos genéticos) e inteligencia colectiva (ej. algoritmos hormiga).

Sistemas difusos

Técnicas para lograr el razonamiento bajo incertidumbre. Ha sido ampliamente usada en la industria moderna y en productos de consumo masivo, como las lavadoras.

Sistemas expertos

Aplican capacidad de razonamiento para lograr una conclusión. Un sistema experto puede procesar una gran cantidad de información conocida y proveer conclusiones basadas en ésta.

Inteligencia Artificial basada en comportamientos

Método modular para construir sistemas de IA manualmente. Es usada para la predicción basado en eventos pasados.

Redes neuronales

Son sistemas para el procesamiento de la información, inspirados en las redes de neuronas biológicas del cerebro.

Es decir, que se han intentado plasmar los aspectos esenciales de una neurona real a la hora de diseñar una neurona "artificial". Ellas están compuestas de capa de entrada, capa oculta y capa de salida.

Comparación entre humanos y máquinas
El aparato computacional más poderoso conocido por el hombre es el cerebro humano. Un niño de tres años puede realizar fácilmente labores que superan por mucho las capacidades de las computadoras más sofisticadas: reconociendo docenas de caras y cientos de objetos desde diferentes ángulos, en condiciones de luz distintas, manipulando un ambiente complejo, entendiendo y usando un vocabulario complejo de lenguaje y gestos. Han sido gastados enormes esfuerzos en desarrollo para intentar reproducir versiones limitadas de algunas de estas capacidades en las computadoras, con pobres resultados. Una computadora puede realizar en segundos cálculos aritméticos que, a un ser humano, le llevarían años. La aritmética es difícil para los humanos e imposible para los animales. Dicha habilidad se considera tradicionalmente como un signo de gran inteligencia. Entonces, ¿Qué causa la disparidad entre las habilidades del hombre y la máquina? La diferencia obvia yace en la arquitectura fundamental de la

computadora y del cerebro. Las computadoras tradicionales están basadas en la arquitectura de Von Neumann: un simple procesador que puede realizar operaciones simples aritméticas, lógicas y condicionales una a la vez, y una gran memoria. El cerebro humano, en contraste, consiste en un gran número de células especializadas llamadas neuronas, interconectadas masivamente (se estima que hay del orden de diez billones de neuronas en el cerebro humano con un promedio de miles de conexiones por cada una). Estas neuronas son lentas (realizando cientos, en lugar de millones, de operaciones por segundo). Las Redes Neuronales Artificiales (ANN, por sus siglas en inglés o simplemente Redes Neuronales) son modelos computarizados inspirados en la estructura a bajo nivel del cerebro. Consisten en grandes cantidades de unidades de procesamiento sencillas llamadas neuronas, conectadas por enlaces de varias fuerzas.

Las Redes Neuronales también pueden ser construidas con "hardware" especial o simuladas en computadoras normales. Sin embargo, el "hardware" neuronal especializado no es común, así que la simulación es la norma.

Las neuronas y el aprendizaje

El cerebro contiene un gran número de células especializadas llamadas neuronas. Una neurona tiene tres partes: un cuerpo celular, una fina estructura de entrada (Dendrita) y una gran estructura de salida (Axon). Un buen mnemónico es que dendrIta=Input (Entrada) y axon=output (Salida). Las terminales de los axones terminan en sinapsis: éstas son conexiones con casi todas las dendritas de otras neuronas, señales electroquímicas que se propagan por las neuronas desde sus sinapsis hacia otras neuronas. Esta conducta simple es modificada en varias formas:

a) Una neurona sólo produce una señal (se dispara) si la señal de entrada supera una determinada cantidad en un periodo corto de tiempo.

b) Las sinapsis varían en fuerza: algunas son buenas conductoras permitiendo una señal fuerte y otras una señal débil.

c) Las sinapsis pueden ser: excitatorias o inhibitorias. Una sinapsis excitatoria añade una señal a la dendrita. En contraste, la inhibitoria reduce la señal de la dendrita. Ahora se cree que gran parte de la actividad cerebral es controlada por conexiones introductoras y removedoras entre neuronas, y alterando las fuerzas sinápticas de las conexiones. Por ejemplo, asumamos que dos neuronas representan dos conceptos: Comida y Campana. La neurona Comida transmite cada vez que la comida está disponible y la neurona Campana cuando suena una campana. Si hay cena, la campana suena, de ahí que haya una conexión muy importante entre estos dos conceptos. El aprendizaje de Hebb postula que la fuerza sináptica entre neuronas se incrementa si representan conceptos asociados. Cada vez que la campana suena y la comida aparece, la conexión entre estas dos neuronas aumenta. Consecuentemente, el cerebro aprende a asociar la campana con comida.

Ahora, si hay un número de conceptos que indican la proximidad de comida (hambre, olor), pueden combinarse y "pesarse" de acuerdo con su importancia relativa para determinar si la comida puede aparecer.

La neurona de comida quizá pueda activarse sólo si coinciden un número de conceptos relacionados, por ejemplo, si la campana suena cuando no hay comida, puede no activarse.

Activación de las neuronas y su representación

Matemáticamente, podemos representar una neurona simplificada por un valor (que debe ser superado para que se active) y una lista de sus sinapsis y sus fuerzas asociadas. Las señales de entrada a una neurona son multiplicadas por sus fuerzas("pesos") asociadas y después se suman. El resultado se llama el nivel de activación de la neurona. Si el nivel de activación supera el valor de la neurona, ésta se activa y una señal se envía a cada neurona que tiene conectada. Se ha postulado que paquetes de neuronas deben compartir esencialmente entradas de otros paquetes, así que la conducta de neuronas individuales es irrelevante. Los paquetes de neuronas más que neuronas individuales necesitan ser modelados. En una red neuronal, se puede tomar que una neurona sencilla representa un paquete de neuronas reales para enfatizar que el modelo de neuronas usado hasta ahora es extremadamente simple con respecto al del cerebro humano. Hay muchos conceptos sobre definiciones sobre la Inteligencia Artificial, esta se deberá a su campo de aplicación, de la complejidad de sus logaritmos que le faciliten sus procesos, Sin embargo, al intentar reproducir algunas tareas que para los humanos son muy sencillas, como caminar, correr o coger un objeto con tal precisión para no romperlo, no se ha obtenido resultados satisfactorios, especialmente en el campo de la robótica autónoma. Sin embargo, se espera que el continuo aumento de la potencia de los ordenadores y las investigaciones en inteligencia artificial, visión artificial, la robótica autónoma y otras ciencias que nos permitirían un mejor estilo de vida, pero también y también a los peligros que nos proyecta la ciencia ficción.

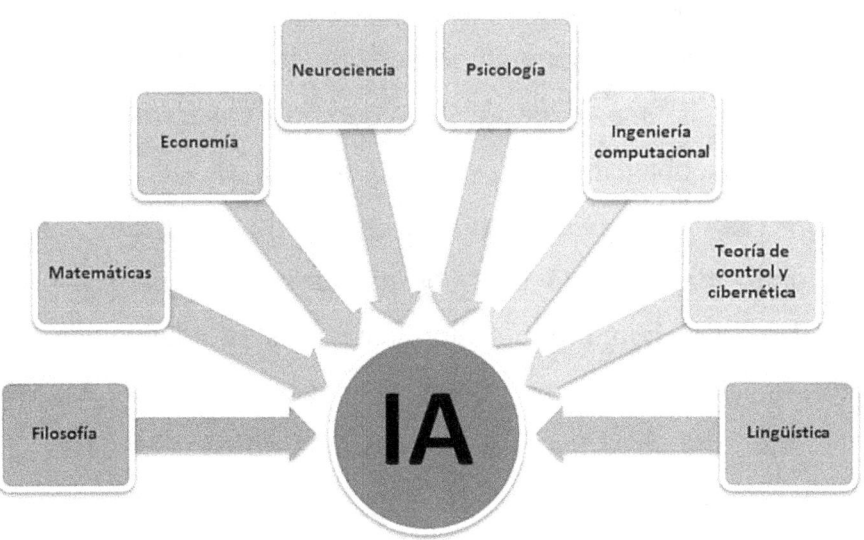

Historia de la IA

Los primeros desarrollos en inteligencia artificial comenzaron a mediados de los años 1950 con el trabajo de Alan Turing, a partir de lo cual la ciencia ha pasado por diversas situaciones: El término fue inventado en 1956 por John McCarthy, Marvin Minsky y Claude Shannon en la Conferencia de Dartmouth, un congreso en el que se hicieron previsiones triunfalistas a diez años que jamás se cumplieron, lo que provocó el abandono casi total de las investigaciones durante quince años. En 1980 la historia se repitió con el desafío japonés de la quinta generación de computadoras, que dio lugar al auge de los sistemas expertos pero que no alcanzó muchos de sus objetivos, por lo que este campo sufrió una nueva interrupción en los años noventa. En la actualidad se está tan lejos de cumplir la prueba de Turing como cuando se formuló: "Existirá Inteligencia Artificial cuando no seamos capaces de distinguir entre un ser humano y un programa de computadora en una conversación a ciegas". Como anécdota, muchos de los investigadores sobre IA sostienen que "la inteligencia es un programa capaz de ser ejecutado independientemente de la máquina que lo ejecute, computador o cerebro".

Escuelas de pensamiento
La IA se divide en dos escuelas de pensamiento:
- La inteligencia artificial convencional
- La inteligencia computacional.
- Inteligencia artificial convencional
- Basada en análisis formal y estadístico del comportamiento humano ante diferentes problemas:
- Razonamiento basado en casos: ayuda a tomar decisiones mientras se resuelven ciertos problemas concretos.
- Sistemas expertos: infieren una solución a través del conocimiento previo del contexto en que se aplica y de ciertas reglas o relaciones.
- Redes bayesianas: propone soluciones mediante inferencia estadística.
- Inteligencia artificial basada en comportamientos: sistemas complejos que tienen autonomía y pueden autorregularse y controlarse para mejorar.

Inteligencia Artificial computacional

La inteligencia computacional (también conocida como inteligencia artificial subsimbólica) implica desarrollo o aprendizaje iterativo (p.ej. modificaciones iterativas de los parámetros en sistemas conexionistas). El aprendizaje se realiza basándose en datos empíricos. Algunos métodos de esta rama incluyen:

- Máquina de vectores soporte: sistemas que permiten reconocimiento de patrones genéricos de gran potencia.
- Redes neuronales: sistemas con grandes capacidades de reconocimiento de patrones.
- Modelos ocultos de Markov: aprendizaje basado en dependencia temporal de eventos probabilísticos.
- Sistemas difusos: técnicas para lograr el razonamiento bajo incertidumbre. Ha sido ampliamente usada en la industria moderna y en productos de consumo masivo, como las lavadoras.
- Computación evolutiva: aplica conceptos inspirados en la biología, tales como población,

mutación y supervivencia del más apto para generar soluciones sucesivamente mejores para un problema. Estos métodos a su vez se dividen en algoritmos evolutivos (ej. algoritmos genéticos) e inteligencia colectiva (ej. algoritmos hormiga).

Uno de los grandes seguidores de la IA; Marvin Minsky, ha dado una clasificación para los lenguajes de programación que se utilizan en esta disciplina:

¨Haga ahora¨: Donde el programador surte de instrucciones a la máquina para realizar una tarea determinada donde todo queda especificado excepto quizás él número de repeticiones.

¨Haga siempre que¨: Aquí se permite escribir un programa que le sirva a la computadora para resolver aquello problemas que el programador no sabe resolver, pero conoce que tipo de soluciones se pueden intentar.

"De constreñimiento": se escriben programas que definen estructuras y estados que se condicionan y limitan recíprocamente.

Pero Minsky, admite que aún será necesario desarrollar dos tipos de lenguajes más para obtener una IA comparable a la inteligencia humana; y estos podrían ser.

"Haga algo que tenga sentido": Donde se permite al programa aprender del pasado y en una nueva situación aplicar sus enseñanzas.

"Mejórense a sí mismo": Allí se podrá permitir escribir programas que tengan en adelante la capacidad de escribir programas mejores que ellos mismos.

Otro punto desde luego tiene que ver con el tema que aquí estamos tratando es por supuesto el concepto de lo que es creatividad, que a simple vista es algo que no podemos explicar porque es resultado de un don especial pero que los estudios sobre IA han comenzado a hacer posible dar explicación satisfactoria: nos dicen que en la medida que se logre escribir programas que exhiban propiedad, en esa misma medida se empezara a explicar la creatividad.

Otra propiedad que se espera ver asociada a la IA es la autoconciencia; que de acuerdo con los resultados de las investigaciones psicológicas hablan por una parte de que como es bien sabido, el pensamiento humano realiza gran cantidad de funciones que no se pueden calificar de conscientes y que por lo tanto la autoconciencia contribuye en cierto sentido a impedir el proceso mental eficiente; pero por otro lado es de gran importancia poder tener conocimiento sobre nuestras propias capacidades y limitaciones siendo esto de gran ayuda para el funcionamiento de la inteligencia tanto de la maquina como del ser humano. Pero sería imposible tratar de contemplar el tema de la IA sin recurrir a la cuestión de la complejidad; donde el comportamiento inteligente es el resultado de la interacción de muchos elementos y que con seguridad es una de las más valiosas contribuciones al tratar de simular en la maquina los fenómenos intelectuales humanos. La IA se ha desarrollado como disciplina a partir de la concepción de la inteligencia que se realizó al interior de la psicología y a partir de la cual se elaboraron diferentes categorías.

La inteligencia: Diferentes teorías y definiciones
En 1904 el ministerio de instrucción pública de Francia pidió al psicólogo francés Alfred Binet y a un grupo de colegas suyos que desarrollan un modo de determinar cuáles alumnos de la escuela primaria corrían el riesgo de fracasar para que estos alumnos reciban una atención compensatoria. De sus

esfuerzos nacieron las primeras pruebas de inteligencia. Importadas a los EE. UU. varios años después las pruebas se difundieron ampliamente, así como la idea de que existiera algo llamado " inteligencia" que podía medirse de manera objetiva y reducirse a un número o puntaje llamado " coeficiente intelectual" desde entonces sé a definido la inteligencia en términos de "habilidad para resolver problemas".

Limitaciones físicas y espacio / temporales

El concepto de IA es aún demasiado difuso. Contextualizando, y teniendo en cuenta un punto de vista científico podríamos englobar a esta ciencia como la encargada de imitar a una persona, y no por fuera en su cuerpo, sino imitar al cerebro, en todas las funciones posibles, existentes en el humano o inventadas sobre el desarrollo de la máquina inteligente. Así, aplicando literalmente la definición de Inteligencia Artificial, no cabe otra posibilidad que pensar en máquinas inteligentes, es decir, sin emociones que obstaculicen encontrar la mejor solución a un problema dado. Debemos pensar en dispositivos artificiales capaces de concluir miles de premisas a partir de otras premisas dadas, sin que ningún tipo de emoción tenga opción de sobrevivir.

En esta línea, hay que saber que ya existen sistemas inteligentes. Capaces de tomar decisiones acertadas.

Sin embargo, el concepto de IA que la mayoría de las personas podemos hacernos es muy distinto al descrito anteriormente, pues lo que realmente nos gustaría, lo que produciría curiosidad experimental, es un dispositivo con emociones. Y aquí, es donde finaliza el campo científico y comienza todo un conjunto de teorías, avisos, discusiones y toda forma expresiva de conflictos intelectuales entre semejantes por vaticinar lo que podría o no ocurrir si existiesen máquinas emocionales. Se podría decir que aquí finaliza la ciencia porque, hoy por hoy, no existe red neuro-electrónica, o sistema informático, capaz de desarrollar emociones, pues la naturaleza, el origen de las emociones fue la supervivencia de la especie. Y dotar a una máquina de instinto de supervivencia sería tan irracional como imposible, pues el instinto de supervivencia está impreso en cada célula del cuerpo humano, o cualquier ser vivo (pues una planta tiene dicho instinto capaz de hacerla crecer buscando el Sol, por ejemplo). Sí podría ser posible utilizar el instinto de las células junto a una Inteligencia Artificial, perfectamente conectadas y capaces de colaborar entre sí para lograr algo parecido a un humanoide. Pero estos no son años de estos temas, simplemente por el avance tecnológico que vivimos en el presente espacio-tiempo.

Además, habría que añadir el concepto de heurística. Dicho concepto, se basa en la búsqueda de un camino a seguir para llegar a una solución, la heurística son las decisiones tomadas en dicho camino y las razones de ello.

Así si pretendemos "implementar" la inteligencia nos basaremos en un conocimiento previo, pues hasta el momento la I.A. se basa todo en conocimiento humano, no conocimiento desarrollado, y llegaremos al objetivo deseado.

Inteligencias múltiples

Un psicólogo de Harvard llamado Howard Garden, señalo que nuestra cultura había definido la inteligencia de manera muy estrecha y propuso en su libro " estructura de la mente", la existencia de por lo menos siete inteligencias básicas:

-Inteligencia lingüística: capacidad de usar las palabras de modo efectivo (ya sea hablando, escribiendo, etc.). Incluye la habilidad de manipular la sintaxis o escritura del lenguaje, la fonética o los sonidos del lenguaje, la semántica o significado de lenguaje o división, pragmática o los usos prácticos.

-Inteligencia lógico-matemática: capacidad de usar los números de manera efectiva y de razonar adecuadamente (pensamiento vertical).

-Inteligencia espacial: la habilidad para percibir la manera exacta del mundo visual-espacial y de ejecutar transformaciones sobre esas percepciones (decorador, artistas, etc.).

-Inteligencia corporal-kinética: la capacidad para usar el cuerpo para expresar ideas y sentimientos y facilidad en el uso de las propias manos para producir o transformar cosas.

-Inteligencia musical: capacidad de percibir, discriminar, trasformar y expresar las formas musicales.

-Inteligencia interpersonal: la capacidad de percibir y establecer distinciones entre los estados de ánimo, las intenciones, motivaciones, sentimientos, de otras personas.

-Inteligencia intrapersonal: el conocimiento de sí mismo y la habilidad para adaptar las propias maneras de actuar a partir de ese conocimiento.

Más allá de la descripción de las inteligencias y de sus fundamentos teóricos hay ciertos aspectos que convienen destacar:

Cada persona posee varios tipos de inteligencias.

La mayoría de las personas pueden desarrollar cada inteligencia hasta un nivel adecuado de competencia.

Las inteligencias por lo general trabajan juntas de manera compleja, ósea, siempre interactúan entre sí para realizar la mayoría de las tareas se precisan todas las inteligencias, aunque en niveles diferentes hay muchas maneras de ser inteligentes en cada categoría. Inteligencia emocional: existe una dimensión de la inteligencia personal que está ampliamente mencionada, aunque poco explorada en las elaboraciones de Gadner: el papel de las emociones. Daniel Goleman; toma este desafío y comienza a trabajar sobre el desarrollo de Gadner llevando a un plano más pragmático y centrado en las emociones como foco de la inteligencia.

Para finalizar este ítem hablaremos un poco sobre las críticas que ha tenido la Inteligencia Artificial. Las principales críticas a la inteligencia artificial tienen que ver con su incapacidad de imitar por completo a un ser humano. Normalmente la lógica usada por la inteligencia artificial llega a aserciones que no son comunes del humano; es por ello por lo que esta lógica artificial es llamada "Lógica Difusa". Se entiende por este término los resultados que da una computadora que no son comunes a nuestro pensamiento. Se da principalmente porque manejan resultados como totalmente verdaderos o totalmente falsos. Aunque esta lógica usada por la inteligencia artificial comúnmente puede convencer de que la máquina sí piensa, si realizáramos test como el de Turing sabríamos que carece de pensamiento. Otros experimentos como la Habitación china de Searle han mostrado como una máquina puede simular pensamiento sin tener que tenerlo y puede pasar muchas pruebas, sin siquiera entender lo que hace. El empleo de la IA está orientado a aquellas profesiones que, ya sea por lo incomodo, peligroso o complicado de su trabajo necesitan apoyo de un experto en la materia. Las ventajas que trae el disponer de un asistente artificial no son más que las de solucionar los errores y defectos propios del ser humano; es decir, el desarrollo de sistemas expertos que hoy en día se están utilizando con éxito en los campos de la medicina, geología y aeronáutica, aunque todavía están poco avanzados en relación con el ideal del producto IA completo. Como hemos observado con anterioridad, la IA gracias a su gran versatilidad le permite a los Ingenieros Civiles resolver un sin número de problemas prácticos sin tener que exponer vidas humanas, además que le provee de datos más exactos y eficientes.

Características de la IA

Problemas de la IA

Al principio se hizo hincapié en las tareas formales como juegos y demostración de teoremas, juegos como las damas y el ajedrez demostraron interés.

La geometría fue otro punto de interés y se hizo un demostrador llamado: El demostrador de Galenter.

Sin embargo, la IA pronto se centró en problemas que aparecen a diario denominados de sentido común (commonsense reasoning).

Se enfocaron los estudios hacia un problema muy importante denominado Comprensión del lenguaje natural. No obstante, el éxito que ha tenido la IA se basa en la creación de los sistemas expertos, y de hecho áreas en donde se debe tener alto conocimiento de alguna disciplina se han dominado no así las de sentido común.

Ahora bien, en la introducción se habló cuestiones importantes de la IA que son:

¿Cuáles son nuestras suposiciones fundamentales sobre la inteligencia?

¿Qué tipo de técnicas son las más adecuadas para resolver los problemas de la IA?

¿A qué nivel de detalle, si es que no por completo, se puede intentar modelar la inteligencia humana?
¿Cómo se puede saber cuándo se ha tenido éxito en la construcción de programa inteligente?

Aplicaciones de la IA
Tareas de la vida diaria:
- Percepción
- Visión
- Habla
- Lenguaje natural
- Comprensión
- Generación
- Traducción
- Sentido común
- Control de un robot.

Tareas formales:
- Juegos
- Ajedrez
- Backgammon
- Damas
- Go

- Matemáticas
- Geometría
- Lógica
- Cálculo Integral
- Demostración de las propiedades de los programas.

Tareas de los expertos:
- Ingeniería
- Diseño
- Detección de fallos
- Planificación de manufacturación
- Análisis científico
- Diagnosis médica
- Análisis financiero
- Suposiciones subyacentes.

En 1976 Newell y Simon hablan acerca de la Hipótesis del sistema de símbolos físicos (physical symbol hipótesis). Se define a un sistema de símbolos físicos como un conjunto de entidades llamadas símbolos, que son patrones físicos que pueden funcionar como componentes de otro tipo de entidad llamada expresión (o estructura de símbolos). Una estructura de símbolos está formada por un número de instancias (señales o tokens) de símbolos relacionados de alguna forma física. En algún instante el sistema contendrá una colección de esas estructuras de símbolos. El sistema contiene también una colección de procesos que operan sobre expresiones para producir otras expresiones: procesos de creación, modificación, reproducción y destrucción. Un sistema de símbolos físicos es una máquina que produce a lo largo del tiempo una colección evolutiva de estructuras de símbolos. Este sistema existe en un mundo de objetos tan extenso como sus propias expresiones simbólicas. La hipótesis de sistema de símbolos físicos es: Un sistema de símbolos físicos posee los medios necesarios y suficientes para realizar una acción inteligente y genérica. Las evidencias que apoyan la hipótesis del sistema de símbolos físicos no han venido solo de áreas como juegos sino de otras áreas como la percepción visual donde es más atractivo esperar la influencia de procesos subsimbólicos. Sin embargo, procesos subsimbólicos como las redes neuronales están cuestionando los simbólicos como tareas de bajo nivel. Quizá entonces los sistemas de símbolos físicos solo sean capaces de modelar algunos aspectos de la inteligencia humana y no otros. La importancia de la hipótesis de sistema de símbolos físicos es doble. Es una teoría significativa de la naturaleza de la inteligencia humana y también es de gran interés para los psicólogos.

¿Qué es una técnica de IA?
Uno de los más rápidos y sólidos resultados que surgieron en las tres primeras décadas de las investigaciones de la IA fue que la inteligencia necesita conocimiento.

Para compensar este logro imprescindible el conocimiento posee algunas propiedades poco deseables como:
- Es voluminoso
- Es difícil caracterizarlo con exactitud
- Cambia constantemente
- Se distingue de los datos en que se organiza de tal forma que se corresponde con la forma en que va a ser usado.

Con los puntos anteriores se concluye que una técnica de IA es un método que utiliza conocimiento representado de tal forma que:

El conocimiento represente las generalizaciones. En otras palabras, no es necesario representar de forma separada cada situación individual. En lugar de esto se agrupan las situaciones que comparten propiedades importantes. Si el conocimiento no posee esta propiedad, puede necesitarse demasiada memoria. Si no se cumple esta propiedad es mejor hablar de "datos" que de conocimiento. Debe ser comprendido por las personas que lo proporcionan. Aunque en muchos programas, los datos pueden adquirirse automáticamente (por ejemplo, mediante lectura de instrumentos), en muchos dominios de la IA, la mayor parte del conocimiento que se suministra a los programas lo proporcionan personas haciéndolo siempre en términos que ellos comprenden. Puede modificarse fácilmente para corregir errores y reflejar los cambios en el mundo y en nuestra visión del mundo. Puede usarse en gran cantidad de situaciones aun cuando no sea totalmente preciso o completo. Puede usarse para ayudar a superar su propio volumen, ayudando a acotar el rango de posibilidades que normalmente deben ser consideradas. Es posible resolver problemas de IA sin utilizar Técnicas de IA (si bien estas situaciones no suelen ser muy adecuadas). También es posible aplicar técnicas de IA para resolver problemas ajenos a la IA.

Esto parece ser adecuado para aquellos problemas que tengan muchas de las características de los problemas de IA.

Los problemas al irse resolviendo tienen entre las características de su solución:

- Complejidad
- El uso generalizado
- La claridad de su conocimiento
- La facilidad de su extensión
- Tres en raya.

El algoritmo

Para decidirla siguiente jugada, se debe tener en cuenta las posiciones del tablero que resultarán de cada posible movimiento.

Decidir qué posición es la mejor, realizar la jugada que corresponda a esa posición, y asignar la clasificación de mejor movimiento a la posición actual.

Para decidir cuál de todas las posibles posiciones es mejor, se realiza para cada una de ellas la siguiente:

-Ver si se produce la victoria. Si ocurre catalogarla como la mejor dándole el mejor puesto en la clasificación.

-En caso contrario, considerar todos los posibles movimientos que el oponente puede realizar en la siguiente jugada. Mirar cuál de ellos es, pero para nosotros (mediante una llamada recursiva a este procedimiento). Asumir que el oponente realizará este movimiento. Cualquier puesto que tenga la jugada, asignarla al nodo que está considerando.

-El mejor nodo es el que resulte con un puesto más alto.

Este algoritmo inspecciona varias secuencias de movimientos para encontrar aquella que lleva a la victoria. Intenta maximizar la probabilidad de victoria. Mediante la suposición de que el oponente intentará minimizar dicha probabilidad. Este algoritmo se denomina minimax. El programa necesita mucho más tiempo que otras soluciones debido a que debe realizar una búsqueda en un árbol que representa todas las posibles secuencias de jugada antes de realizar un movimiento. Sin embargo, es superior a los demás programas en algo importante: podría ser ampliado para manipular juegos más complicados que las tres en raya, cualidad en que otras soluciones fracasan. La anterior solución es un ejemplo de 1 uso de una técnica de IA. Para problemas muy pequeños, es menos eficiente que los métodos más directos. Sin embargo, puede usarse en aquellas situaciones en las que fallen los métodos tradicionales.

Diferencias entre el cerebro y una computadora

Cerebro	Computadora
Sistema capaz de múltiple propósito capaz de tratar gran cantidad de información en poco tiempo, pero no necesariamente con exactitud.	Sistemas altamente especializados con capacidad para procesar información muy concreta, siguiendo unas instrucciones dadas.
La frecuencia de los impulsos nerviosos puede variar.	La frecuencia de transmisión es inalterable y está dada por el reloj interno de la máquina.
Las llamadas sinapsis cumplen en el cerebro la función simultánea de varias compuertas (and, or, not, etc.)	Las compuertas lógicas tienen una función perfectamente determinada e inalterable.
La memoria es del tipo asociativo y no se sabe dónde quedará almacenada.	La información se guarda en posiciones de memoria de acceso directo por su dirección.
Los impulsos fluyen a 30 metros por segundo.	En el interior de la computadora los impulsos fluyen a la velocidad de la luz.
Similitudes entre el cerebro y una computadora.	Ambos codifican la información en impulsos digitales.
Tanto el cerebro como la computadora tienen compuertas lógicas.	Existen distintos tipos de memoria.

Robótica

Son unas máquinas controladas por ordenador y programadas para moverse, manipular objetos y realizar trabajos a la vez que interaccionan con su entorno. Los robots son capaces de realizar tareas repetitivas de forma más rápida, barata y precisa que los seres humanos.

El diseño de un manipulador robótico se inspira en el brazo humano. Las pinzas están diseñadas para imitar la función y estructura de la mano humana. Muchos robots están equipados con pinzas especializadas para agarrar dispositivos concretos.

Las articulaciones de un brazo robótico suelen moverse mediante motores eléctricos. Una computadora calcula los ángulos de articulación necesarios para llevar la pinza a la posición deseada.

En 1995 funcionaban unos 700.000 robots en el mundo. Más de 500.000 se empleaban en Japón, unos 120.000 en Europa Occidental y unos 60.000 en Estados Unidos. Muchas aplicaciones de los robots corresponden a tareas peligrosas o desagradables para los humanos. En los laboratorios médicos, los robots manejan materiales que conlleven posibles riesgos, como muestras de sangre u orina. En otros casos, los robots se emplean en tareas repetitivas en las que el rendimiento de una persona podría disminuir con el tiempo. Los robots pueden realizar estas operaciones repetitivas de alta precisión durante 24 horas al día.

Uno de los principales usuarios de robots es la industria del automóvil. La empresa General Motors utiliza aproximadamente 16.000 robots para trabajos como soldadura, pintura, carga de máquinas, transferencia de piezas y montaje. El montaje industrial exige una mayor precisión que la soldadura o la pintura y emplea sistemas de censores de bajo coste y computadoras potentes y baratas. Los robots se usan por ejemplo en el montaje de aparatos electrónicos, para montar microchips.

Se emplean robots para ayudar a los cirujanos a instalar cadenas artificiales, y ciertos robots especializados de altísima precisión pueden ayudar en operaciones quirúrgicas delicadas en los ojos. La investigación en tecnología emplea robots controlados de forma remota por cirujanos expertos; estos robots podrían algún día efectuar operaciones en campos de batalla distantes.

Los robots crean productos manufacturados de mayor calidad y menor costo. Sin embargo, también pueden provocar la pérdida de empleos, especialmente en cadenas de montaje industriales.

Las máquinas automatizadas ayudarán cada vez más a los humanos en la fabricación de nuevos productos, el mantenimiento de las infraestructuras y el cuidado de hogares y empresas.

Los robots podrían fabricar nuevas autopistas, construir estructuras para edificios, limpiar corrientes subterráneas o cortar el césped.

Puede que los cambios más espectaculares en los robots del futuro provengan de su capacidad de razonamiento cada vez mayor.

El campo de la inteligencia artificial está pasando rápidamente de los laboratorios universitarios a la aplicación práctica en la industria, y se están desarrollando máquinas capaces de realizar tareas cognitivas como la planificación estratégica o el aprendizaje por experiencia.

El diagnóstico de fallos en aviones o satélites, el mando en un campo de batalla o el control de grandes fábricas correrán cada vez más a cargo de ordenadores inteligentes.

Características

Una característica fundamental que distingue a los métodos de Inteligencia Artificial de los métodos numéricos es el uso de símbolos no matemáticos, aunque no es suficiente para distinguirlo completamente. Otros tipos de programas como los compiladores y sistemas de bases de datos también procesan símbolos y no se considera que usen técnicas de Inteligencia Artificial.

El comportamiento de los programas no es descrito explícitamente por el algoritmo. La secuencia de pasos seguidos por el programa es influenciada por el problema particular presente. El programa especifica cómo encontrar la secuencia de pasos necesarios para resolver un problema dado (programa declarativo). En contraste con los programas que no son de Inteligencia Artificial, que siguen un algoritmo definido, que especifica, explícitamente, cómo encontrar las variables de salida para cualquier variable dada de entrada (programa de procedimiento).

El razonamiento basado en el conocimiento implica que estos programas incorporan factores y relaciones del mundo real y del ámbito del conocimiento en que ellos operan. Al contrario de los programas para propósito específico, como los de contabilidad y cálculos científicos; los programas de Inteligencia Artificial pueden distinguir entre el programa de razonamiento o motor de inferencia y base de conocimientos dándole la capacidad de explicar discrepancias entre ellas.

Aplicabilidad a datos y problemas mal estructurados, sin las técnicas de Inteligencia Artificial los programas no pueden trabajar con este tipo de problemas. Un ejemplo es la resolución de conflictos en tareas orientadas a metas como en planificación, o el diagnóstico de tareas en un sistema del mundo real: con poca información, con una solución cercana y no necesariamente exacta.

Los sistemas expertos, que reproducen el comportamiento humano en un estrecho ámbito del conocimiento, son programas tan variados como los que diagnostican infecciones en la sangre e indican un tratamiento, los que interpretan datos sismológicos en exploración geológica y los que configuran complejos equipos de alta tecnología.

Tales tareas reducen costos, reducen riesgos en la manipulación humana en áreas peligrosas, mejoran el desempeño del personal inexperto, y mejoran el control de calidad sobre todo en el ámbito comercial.

Programa fijo y programa modificado por el procesamiento

Existen grandes diferencias entre el funcionamiento de las máquinas y el del cerebro: algunas son evidenciadas en el esquema bajo estas líneas. Las máquinas y el cerebro se diferencian en muchos aspectos: el primero es ligado a la arquitectura del sistema de memoria y a la elaboración realizada por la inteligencia natural, que influye en los programas sucesivos al ser almacenada en la memoria que mantiene disponibles todos los hechos que se han ido acumulando a lo largo del tiempo. Abajo a la izquierda se muestra el esquema de funcionamiento de un sistema artificial: procesa datos que recibe del exterior y que le son presentados ya seleccionados. Los procesa mediante un programa fijo, siempre elegido y construido por el hombre, es decir, desde el exterior.

Este programa es sencillo comparado con los utilizados por el cerebro humano. A lo largo del tiempo, un mismo programa que procese los mismos datos obtendrá siempre los mismos resultados. Sin embargo, este sistema es muy veloz cuando se le piden secuencias de operaciones.

Contrariamente, el cerebro humano es capaz de procesar al mismo tiempo todas las informaciones contenidas en una imagen, y el resultado de dicho procesamiento puede servir para modificar el programa, que para posteriores utilizaciones será más completo.

La observación de una imagen muestra la diferencia fundamental entre el modo de procesar los datos del cerebro humano y el de la máquina.

El cerebro humano no actúa teniendo en cuenta un programa prefijado, sino más bien uno de naturaleza variable en el tiempo; las variaciones dependen de los resultados procedentes.

De hecho, el cerebro tiene la propiedad de recordar imágenes similares; una vez vista la figura, extrae de su memoria imágenes similares previamente almacenadas y los resultados de los análisis realizados sobre ellas.

Estos resultados sirven para mejorar el programa según el cual sacará conclusiones aplicadas al examen de la figura.

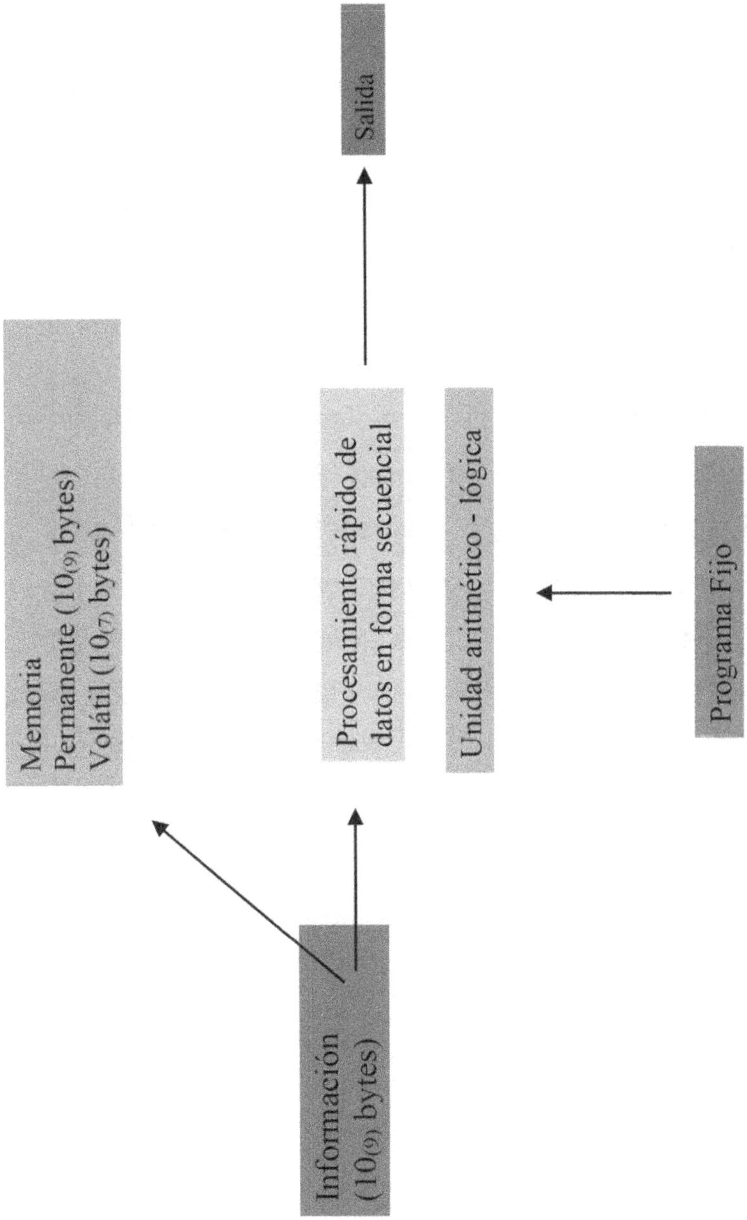

- Salida
- Memoria Permanente (10^9 bytes) Volátil (10^7 bytes)
- Procesamiento rápido de datos en forma secuencial
- Unidad aritmético - lógica
- Programa Fijo
- Información (10^9 bytes)

Funcionamiento básico de la Inteligencia Artificial
Diferentes teorías
-Construir réplicas de la compleja red neuronal del cerebro humano (bottom-up).
-Intentar imitar el comportamiento del cerebro humano con un computador (top-down).

Símbolos vs. Métodos numéricos
El primer período de la Inteligencia Artificial, llamado subsimbólico, data de aproximadamente 1950 a 1965. Este período utilizó representaciones numéricas (o subsimbólicas) del conocimiento. Aunque la mayor parte de los libros de Inteligencia Artificial enfatizan el trabajo realizado por Rosenblatt y Widrow con redes neuronales durante este período, la realidad es que otra importante escuela subsimbólica data también de la misma época y estos son los algoritmos evolutivos.
La escuela clásica dentro de la Inteligencia Artificial utiliza representaciones simbólicas basadas en un número finito de primitivas y de reglas para la manipulación de símbolos. El período simbólico se considera aproximadamente comprendido entre 1962 y 1975, seguido por un período dominado por los sistemas basados en el conocimiento de 1976 a 1988.

Sin embargo, en este segundo período las representaciones simbólicas (por ejemplo, redes semánticas, lógica de predicados, etc.) siguieron siendo parte central de dichos sistemas.

La Programación Lógica tiene sus orígenes más cercanos en los trabajos de J. A. Robinson que propone en 1965 una regla de inferencia a la que llama resolución, mediante la cual la demostración de un teorema puede ser llevada a cabo de manera automática.

La resolución es una regla que se aplica sobre cierto tipo de fórmulas del Cálculo de Predicados de Primer Orden, llamadas cláusulas y la demostración de teoremas bajo esta regla de inferencia se lleva a cabo por reducción al absurdo.

Otros trabajos importantes de esa época que influyeron en la programación lógica fueron los de Loveland, Kowalski y Green, que diseña un probador de teoremas que extrae de la prueba el valor de las variables para las cuales el teorema es válido.

Estos mecanismos de prueba fueron trabajados con mucho entusiasmo durante una época, pero, por su ineficiencia, fueron relegados hasta el nacimiento de

Prolog, que surge en 1971 en la Universidad de Marsella, Francia.

La Lógica de Primer Orden, es uno de los formalismos más utilizados para representar conocimiento en Inteligencia Artificial. La Lógica cuenta con un lenguaje formal mediante el cual es posible representar fórmulas llamadas axiomas, que permiten describir fragmentos del conocimiento y, además consta de un conjunto de reglas de inferencia que, aplicadas a los axiomas, permiten derivar nuevo conocimiento.

Alfabeto del lenguaje de la lógica de primer orden
Contiene dos tipos de símbolos

a. Símbolos lógicos, entre los que se encuentran los símbolos de constantes proposicionales true y false; los símbolos de operadores proposicionales para la negación, la conjunción, la disyunción y las implicaciones (=>, <=); los símbolos de operadores de cuantificación como el cuantificador universal; el cuantificador existencial; y los símbolos auxiliares de escritura como corchetes [,], paréntesis (,) y coma.

b. Símbolos no lógicos, agrupados en el conjunto de símbolos constantes; el conjunto de símbolos de variables individuales; el conjunto de símbolos de funciones n-arias; y el conjunto de símbolos de relaciones n-arias.

A partir de estos símbolos se construyen las expresiones válidas en el Lenguaje de Primer Orden: los términos y las fórmulas.

Biología artificial

La Vida Artificial se puede considerar como la parte de la Inteligencia Artificial que pretende reproducir los procesos y comportamientos típicos de los seres vivos. También podemos definirla como el intento de crear vida, o algo parecido a la vida, mediante la combinación de símbolos (datos) y procesos de símbolos (programas) independientemente del soporte físico de estos símbolos y procesos.

Por una parte, están los intentos "hardware" de emulación de vida. Por ejemplo, es posible construir un pequeño robot con aspecto de ratón capaz de encontrar la salida de un laberinto.

Por otra parte, están las simulaciones "software". Éstas tienen la ventaja de que permiten construir un gran número de seres vivos y entornos en los que estos existen, de manera que es más fácil estudiar comportamientos sociales.

Podemos construir los seres artificiales con el objetivo de solucionar los problemas que a nosotros nos interesen, y que aprendan o colaboren entre ellos hasta conseguir el resultado deseado.

De esta forma, se puede considerar la Vida Artificial (VA) como un paso más allá después de la Programación Orientada a Objetos (POO), y, sin embargo, siendo la VA un caso particular de la POO. Es decir, si un objeto es un elemento que encapsula datos y procedimientos, una entidad artificial es un elemento que encapsula un objetivo, unos sentidos, unas acciones y unas creencias. A esto le podemos llamar Programación Orientada a Agentes.

En muchos campos de estudio se plantea la posibilidad de realizar simulaciones para intentar predecir o ayudar a la toma de decisiones acerca de ciertos aspectos del mundo real. Hay dos formas de enfocar estas simulaciones.

La primera de ellas se basa en la observación de la realidad, centrando la atención en los aspectos "a más alto nivel", es decir, precisamente en los que se pretenden predecir o modificar, y también en aquellos que aparentemente están más relacionados con éstos. El cerebro humano elabora una teoría acerca de cómo todos estos aspectos varían. Esta teoría se formaliza en fórmulas, reglas o algo parecido, y se simula en un ordenador ante diversas condiciones iniciales. Se observa si el modelo, ante datos históricos del pasado, ofrece salidas (resultados) que se ajustan a lo esperado según los datos históricos, y en ese caso, se utiliza para la toma de decisiones en el futuro, ajustando continuamente el modelo según el error obtenido. En caso de obtener resultados muy alejados de la realidad, se revisa la teoría inicial, reescribiéndola por completo, ajustando ciertos aspectos o detallando con mayor nivel de profundidad los que parecen ser generalizaciones excesivas.

La segunda de ellas se basa en la observación de la realidad, centrando la atención en los aspectos "a más bajo nivel" del problema, buscando los aspectos más sencillos y a la vez con una alta multiplicidad. Es decir, el cerebro humano identifica aquellas características sencillas que están presentes en muchas entidades del problema. Mediante fórmulas, reglas o algo parecido, se define un tipo genérico de entidad que admita estas características, y en un ordenador se realiza una simulación basada en la generación de un alto número de estas entidades capaces de interactuar entre sí, con la esperanza en que de esta interacción emerja el comportamiento complejo que se pretende estudiar. Inicialmente los agentes genéricos se definen tan sencillos como sea posible sin dejar de ajustarse al problema. Se observa si el modelo, ante datos históricos del pasado, ofrece salidas (resultados) que se ajustan a lo esperado según los datos históricos, y en ese caso, se utiliza para la toma de decisiones en el futuro, ajustando continuamente el modelo según el error obtenido. En caso de obtener resultados muy alejados de la realidad, se deduce que la definición del agente genérico (más su entorno, etc.) es demasiado sencilla y se va complicando, añadiendo detalles hasta ajustarse suficientemente a la realidad.

Cuestión filosófica de la Vida Artificial
La Vida Artificial también nos ofrece una "visión privilegiada" de nuestra realidad. No hace falta que las simulaciones por ordenador sean todavía más complejas, para poder tener el derecho a

preguntarnos acerca de si nuestro propio mundo no será también una "simulación dentro de un cosmo-ordenador". De hecho, esta pregunta se ha planteado, desde tiempos remotos, de infinidad de maneras.

Si los ordenadores son capaces de simular universos artificiales poblados por organismos que, mediante la reproducción, las mutaciones y la selección natural, evolucionan y se hacen cada vez más inteligentes y conscientes, podríamos interpretar nuestro propio mundo como un "superordenador" donde nosotros mismos somos los "seres artificiales" que lo habitan, siguiendo el curso de evolución que El Programador ha deseado. En el caso de que existiera un creador y una intencionalidad, es decir, si El Programador que nos ha creado lo ha hecho con algún objetivo, no sería extraño que ese mismo programador hubiera implementado mecanismos para que sus "entidades" (nosotros) no escapen a su control. Por ejemplo, podría haber marcado límites a su movimiento (¿la velocidad de la luz? ¿la gravedad?) en su ordenador (nuestro universo) ¿O tal vez el límite de 300.000 km/seg corresponde con los MHz del ordenador en el que vivimos? Pero las limitaciones que el programador fija para controlar a sus entidades pueden no ser suficientes. Algunos programadores de Vida Artificial quedan a menudo gratamente sorprendidos por el inesperado comportamiento de sus pequeñas creaciones, más inteligentes y capaces de lo que cabría esperar en un primer momento.

Además, los "bugs" (errores) en programación son probablemente una constante en todos los universos, dimensiones y realidades posibles, así que tal vez el "programador" haya dejado algún hueco por donde podamos colarnos; es decir, que es posible que en nuestro mundo existan acciones, comportamientos, o razonamientos con efectos maravillosos, que están ahí, accesibles, pero que aún nadie ha realizado, ya sea por ignorancia, mala suerte, o porque provocan la muerte a quien llega a adquirirlos. Un ejemplo de esto último se encuentra en "Creced y Multiplicaos", de Isaac Asimov.

Perspectivas futuras de la Vida Artificial
Con poco más de diez años de antigüedad, la Vida Artificial se ha convertido en un punto de referencia sólido de la ciencia actual.

En septiembre de 1987, 160 científicos en informática, física, biología y otras disciplinas se reunieron en el

Laboratorio Nacional de Los Álamos para la primera conferencia internacional sobre Vida Artificial. En aquella conferencia se definieron los principios básicos que han marcado la pauta desde entonces en la investigación de esta disciplina.

Un concepto básico dentro de este campo es el de comportamiento emergente. El comportamiento emergente aparece cuando se puede generar un sistema complejo a partir de reglas sencillas. Para que se dé este comportamiento se requiere que el sistema en cuestión sea reiterativo, es decir, que el mismo proceso se repita de forma continua y además que las ecuaciones matemáticas que definen el comportamiento de cada paso sean no lineales.

Por otra parte, un autómata celular consiste en un espacio n-dimensional dividido en un conjunto de celdas, de forma que cada celda puede encontrarse en dos o más estados, dependiendo de un conjunto de reglas que especifican el estado futuro de cada celda en función del estado de las celdas que le rodean.

Hay dos posturas dentro de la Vida Artificial: la fuerte y la débil. Para los que apoyan la postura débil, sus modelos son solamente representaciones simbólicas de los síntomas biológicos naturales, modelos ciertamente muy útiles para conocer dichos sistemas, pero sin mayores pretensiones. Para los que defienden la versión fuerte, dicen que se puede crear vida auténtica a partir de un programa de ordenador que reproduzca las características básicas de los seres vivos. Desde este punto de vista, la vida se divide en vida húmeda, que es lo que todo el mundo conoce como vida, vida seca, formada por autómatas físicamente tangibles, y vida virtual, formada por programas de computador. Las dos últimas categorías son las que integran lo que genéricamente se conoce como Vida Artificial. Para defender un punto de vista tan radical, los defensores de la postura fuerte aluden a un conjunto de reglas que comparten las tres categorías anteriores:

-La biología de lo posible: La Vida Artificial no se restringe a la vida húmeda tal como la conocemos, sino que "se ocupa de la vida tal como podría ser". La biología ha de convertirse en la ciencia de todas las formas de vida posibles.

-Método sintético: La actitud de la Vida Artificial es típicamente sintética, a diferencia de la biología clásica, que ha sido mayoritariamente analítica.

Desde este punto de vista, se entiende la vida como un todo integrado, en lugar de desmenuzarlo en sus más mínimas partes.

-Vida real (artificial): La Vida Artificial es tal porque son artificiales sus componentes y son artificiales porque están construidos por el hombre. Sin embargo, el comportamiento de tales sistemas depende de sus propias reglas y en ese sentido es tan genuino como el comportamiento de cualquier sistema biológico natural.

-Toda la vida es forma: la vida es un proceso, y es la forma de este proceso, no la materia, lo que constituye la esencia de la vida. Es absurdo pretender que sólo es vida genuina aquella que está basada en la química del carbono, como es el caso de la vida húmeda.

-Construcción de abajo hacia arriba: la síntesis de la Vida Artificial tiene lugar mejor por medio de un proceso de información por computador llamado programación de abajo hacia arriba. Consiste en partir de unos pocos elementos constitutivos y unas reglas básicas, dejar que el sistema evolucione por sí mismo y que el comportamiento emergente haga el resto. Poco a poco el sistema se organiza espontáneamente y empieza a surgir orden donde antes sólo había caos. Esta clase de programación contrasta con el principio de programación en la Inteligencia Artificial. En ella se intenta construir máquinas inteligentes hechos desde arriba hacia abajo, es decir, desde el principio se intenta abarcar todas las posibilidades, sin dejar opción a que el sistema improvise. El principio de procesamiento de información en la Vida Artificial se basa en el paralelismo masivo que ocurre en la vida real. A diferencia de los modelos de Inteligencia Artificial en los que el procesamiento es secuencial, en la Vida Artificial es de tipo paralelo, tal y como ocurre en la mayoría de los fenómenos biológicos.

Redes neuronales

Si se pudieran explicar los procesos cognitivos superiores de una manera intrínseca, es decir, si se pudiera demostrar que los procesos mentales inteligentes que realiza el hombre se producen a un nivel superior (o intermedio) con independencia de las capas subyacentes que existen hasta la constitución física del ente inteligente, se demostraría que es posible crear -mediante un sistema de símbolos físicos-, una estructura artificial que imite perfectamente la mente humana mediante una arquitectura de niveles, ya que se podría construir dicho nivel superior mediante la combinación de elementos que no necesariamente han de ser los que forman el nivel inferior en los humanos (que por ejemplo, podemos suponer que son las neuronas).

En cambio, si sólo se pudieran explicar los procesos cognitivos superiores mediante una descripción al más bajo nivel (comportamiento neuronal), sólo se podría imitar la inteligencia humana mediante la construcción de neuronas artificiales. Para ser exactos, esta afirmación está condicionada por la certeza de la suposición (bastante común) según la cual el neuronal es el más bajo de los niveles relevantes para la formación de los procesos cognitivos. Arbitrariamente, se podría haber elegido otro nivel aún más bajo (moléculas, átomos). Llevado al extremo, se podría reescribir la afirmación, sustituyendo "neuronas" por "la más pequeña partícula de nuestro universo", si este fuera discreto (no infinitamente divisible).

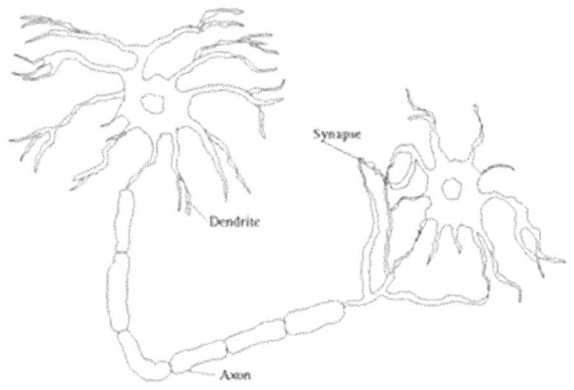

Las denominaciones "nivel superior" y "nivel inferior" son arbitrarias en cuanto a que parece que se puede encontrar con facilidad un nivel que esté aún más bajo que el que hemos llamado "nivel inferior" -el nivel atómico es inferior al neuronal- y lo simétrico respecto al nivel superior -la conciencia colectiva es superior a la individual-. La existencia de una conciencia colectiva capaz de comunicarse a un nivel superior al del individuo parece evidente en los estudios sobre el comportamiento de algunos insectos, siempre que hagamos el esfuerzo de no interpretar el término "conciencia colectiva" desde nuestro punto de vista subjetivo como individuos. ¿Cómo conseguir esto? No es difícil, si se usa una analogía bajando un nivel. Imaginemos dos células (concretamente, dos neuronas) de nuestro cuerpo charlando amistosamente acerca de la posibilidad de que el conjunto de células forme una "conciencia colectiva". Las neuronas podrían hablar sobre esta "conciencia colectiva", ponerla en duda o intentar argumentar su existencia, pero difícilmente podrían llegar a comprenderla, no puede ser un concepto familiar para ellas. Una Red Neuronal es usada para aprender patrones y relaciones de datos. Los datos pueden ser el resultado del esfuerzo de una investigación de mercado, el resultado de un proceso de producción dando variación a las condiciones de operación, o las decisiones de un prestamista dado un conjunto de aplicaciones de préstamo, utilizando una Red Neuronal es una salida considerable parecida a un enfoque tradicional. Tradicionalmente un programador o un analista especifican "códigos" de cada faceta del problema en orden para la computadora pueda "entender" la situación. Redes Neuronales no requieren el código explícito del problema. Por ejemplo, para generar un modelo que lleve a cabo un pronóstico de ventas, una Red Neuronal solo necesita que le den los datos sin preparar relacionados con el problema. Los datos sin preparar podrían consistir en: historias de ventas pasadas, precios, precios de la competencia y otras variables económicas. La Red Neuronal escoge entre esta información y produce un acuerdo de los factores que influyen en las ventas. El modelo puede entonces ser llamado para dar una predicción de ventas futuras dado un pronóstico de los factores claves. Estos adelantos son debidos a la creación de reglas de aprendizaje de una Red Neuronal, que son los algoritmos usados para "aprender" las relaciones de los datos. Las reglas de aprendizaje habilitan a la red para "ganar conocimiento" desde datos disponibles y aplica ese conocimiento para asistir al gerente para hacer decisiones claves. Aunque su estructura varía según el tipo de red, lo más usual es que haya tres capas de neuronas, una de entrada, que recoge los estímulos, otra oculta, que procesa la información, y otra de salida, que ejecuta la respuesta. La figura siguiente muestra esta disposición:

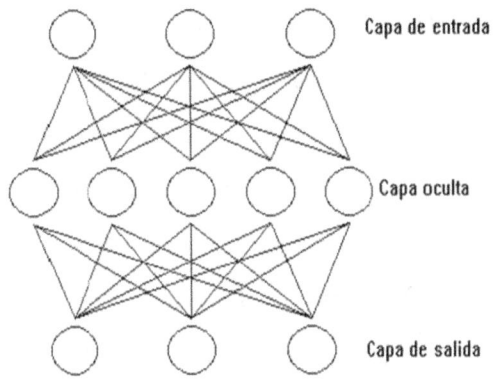

Red Neuronal Artificial

Las Redes Neuronales Artificiales son el resultado de investigaciones académicas que utilizan fórmulas matemáticas para modelar operaciones del sistema nervioso, es decir, es un modelo de procesamiento de información que es inspirado por el modo de un sistema nervioso biológico, tal como el cerebro procesa información. El elemento clave de este paradigma es la estructura original del sistema de procesamiento de información. Este se compone de un gran número de elementos interconectados procesando y trabajando en armonía para resolver problemas específicos. Las Redes Neuronales Artificiales, como la gente, aprenden con ejemplos. Una Red Neuronal Artificial es configurada para una aplicación específica, tal como el reconocimiento de patrones o clasificación de datos, a través de un proceso de aprendizaje. Aprender en sistemas biológicos implica ajustes para las conexiones sinópticas que existen entre las neuronas. Esto lo hace una Red Neuronal Artificial. También, las Redes Neuronales Artificiales se han aplicado a un gran número de problemas reales de complejidad considerable. Su ventaja más importante está en resolver problemas que son demasiado complejos para tecnologías convencionales, problemas que no tienen un algoritmo de solución o que su algoritmo de solución es muy difícil de encontrar. En general, a causa de su abstracción del cerebro biológico, las Redes Neuronales Artificiales son aptas para resolver problemas que la gente puede resolver, pero las computadoras no pueden. Estos problemas incluyen reconocimiento de patrones y pronósticos (los cuales requieren el reconocimiento de tendencias de datos). El hecho de suponer que el comportamiento inteligente en el hombre se produce a un nivel superior con independencia de los niveles inferiores está íntimamente relacionado con el debate entre holismo o creencia en que "el todo es más que la suma de sus partes" y el reduccionismo, o creencia en que "un todo puede ser comprendido completamente si se entienden sus partes, y la naturaleza de su suma". Los esfuerzos desarrollados en Arquitecturas Generales de Inteligencia son puramente reduccionistas. Por el contrario, el holismo subyacente en los modelos conexionistas como las Redes Neuronales Artificiales, sugiere el aspecto de la interdependencia entre algunos niveles, o lo que es lo mismo, la imposibilidad de sustituir un nivel (las conexiones neuronales, como sistema subsimbólico) por otro que realice sus mismas funciones (sistema simbólico). Sin embargo, también las Redes Neuronales Artificiales pueden ser consideradas reduccionistas si tenemos en cuenta otros niveles aún más bajos.

Modelos de Redes Neuronales
Los modelos de redes neuronales también conocidos como modelos de procesamiento distribuido en paralelo o sistemas neuromorfológicos tienen su

principio de funcionamiento basado en la interconexión de alta densidad de elementos sencillos de cómputo. La estructura de las redes neuronales ha sido desarrollada de acuerdo con nuestra comprensión del sistema nervioso biológico. Estos modelos de redes han tenido gran auge en áreas como el reconocimiento de imágenes y sonido, ya que dichas redes procesan simultáneamente varias hipótesis a través de redes paralelas compuestas de elementos de cómputo conectados a las variables ponderables. Los elementos de cómputo o nodos utilizados en las redes neuronales son generalmente no lineales y analógicos, además están caracterizados por un umbral y offset interno. Algunas de las no linealidades más comunes son: los limitadores lógicos del umbral y las no linealidades sigmoidales. Los nodos más complejos incluyen temporal y otras operaciones matemáticas más complejas. Los módulos de redes neuronales son especificados de acuerdo con la topología de la red, las características de los nodos y las reglas de entrenamiento o aprendizaje. Estas reglas indican un grupo inicial de valores y como deben modificarse esos valores para obtener un mejor resultado. La mayoría de los algoritmos de las redes neuronales realizan lecturas de los valores a analizar a lo largo del tiempo para obtener bases en resultados actuales, valores más confiables. Esto con el propósito que el aprendizaje y la adaptación sean lo óptimo posible. Para este fin se utilizan clasificadores, los cuales tienen un grado de robustez determinado por la capacidad de adaptabilidad de la red, mayor que los clasificadores estadísticos. Mediante la utilización de las redes neuronales constituidas por una gran cantidad de circuitos simples de procesamiento operando en paralelo se ha logrado obtener la capacidad de procesamiento requerida hoy en día.

Evolución

La evolución en la naturaleza fue la clave para mejorar los organismos y desarrollar la inteligencia. Michael Dyer, investigador de Inteligencia Artificial de la Universidad de California, apostó a las características evolutivas de las redes neuronales y diseñó Bio-Land. Bio-Land es una granja virtual donde vive una población de criaturas basadas en redes neuronales. Los biots pueden usar sus sentidos de la vista, el oído e incluso el olfato y tacto para encontrar comida y localizar parejas.

Los biots cazan en manadas, traen comida a su prole y se apiñan buscando calor.

Lo que su creador quiere que hagan es hablar entre ellos, con la esperanza de que desarrollen evolutivamente un lenguaje primitivo.

A partir de ese lenguaje, con el tiempo podrían surgir niveles más altos de pensamiento.

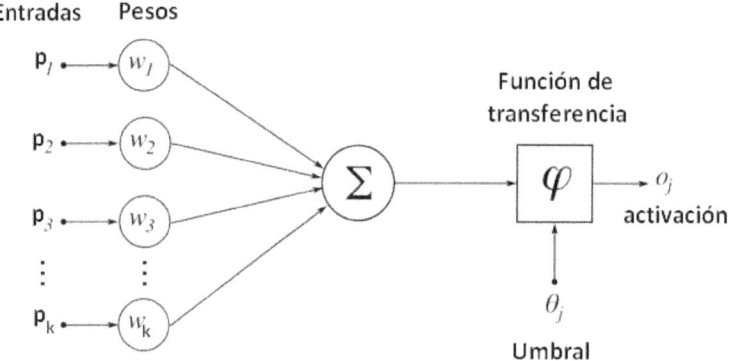

Diagrama de una neurona artificial

Tecnología de la Inteligencia Artificial

La Inteligencia Artificial es una mezcla de la ciencia del computador, fisiología y filosofía, tan general y amplio como eso, es que reúne varios campos (robótica, sistemas expertos, por ejemplo), todos los cuales tienen en común la creación de máquinas que pueden "pensar". Es así como los sistemas de administración de base de datos cada vez más sofisticados, la estructura de datos y el desarrollo de algoritmos de inserción, anulado y traspaso de datos, así como el ensayo de introducir máquinas capaces de realizar tareas que son pensadas como típicas del ámbito de la inteligencia humana, batieron el término Inteligencia Artificial en 1956. Desde sus comienzos hasta la actualidad, la Inteligencia Artificial ha tenido que hacer frente a una serie de problemas.

Los ordenadores no tienen autoconciencia
Un computador sólo puede hacer aquello para lo que está proyectado.
Las primeras dificultades que se trató de solucionar fueron puzles, juegos de ajedrez, traducción de textos a otro idioma. En el año 1955 Simon, Newell y Shaw,

desarrollaron el primer lenguaje de programación encaminado a la resolución de dificultades de la Inteligencia Artificial, el IPL-11.

Un año más tarde estos tres científicos desarrollan el primer programa de Inteligencia Artificial al que llamaron Logic Theorist, el cual era apto de demostrar teoremas matemáticos, representando cada problema como un modelo de árbol, en el que se seguían ramas en busca de la solución correcta, que resultó decisivo.

En 1957 McCarthy desarrolló el lenguaje LISP.

La IBM acordó un equipo para la investigación en esa área.

En 1961 se desarrolla SAINT (Simbolic Automatic INTegrator) por Slagle el cual se orienta a la demostración simbólica en el área del álgebra.

En 1964 Bertrand construye el sistema SIR (Semantic Information Retrieval) el cual era capaz de entender oraciones en inglés.

Estos programas obviamente corren en un computador y se utilizan como, por ejemplo, en control robótico, comprensión de lenguajes naturales, procesamiento de imágenes basado en conocimientos previos, estrategias de juegos, etc.

Características de la Inteligencia Artificial

Una característica fundamental que diferencia a los métodos de Inteligencia Artificial de los métodos numéricos es el uso de símbolos no matemáticos, aunque no es bastante para diferenciarlo totalmente. Otros ejemplos de programas como los compiladores y sistemas de bases de datos también procesan símbolos y no se considera que utilicen técnicas de Inteligencia Artificial. El comportamiento de los programas no es descrito explícitamente por el algoritmo. El programa especifica cómo encontrar la secuencia de pasos necesarios para resolver un problema dado (programa declarativo). En diferencia con los programas que no son de Inteligencia Artificial, que siguen un algoritmo determinado, que detalla, explícitamente, cómo hallar las variables de salida para cualquier variable dada de entrada (programa de procedimiento). El razonamiento basado en el conocimiento implica que estos programas incorporan factores y relaciones del mundo real y del ámbito del conocimiento en que ellos operan. Al contrario de los programas para propósito específico, como los de contabilidad y cálculos científicos; los programas de Inteligencia Artificial pueden distinguir entre el programa de razonamiento o motor de inferencia y base de conocimientos dándole la capacidad de explicar discrepancias entre ellas.

Objetivos de la Investigación en la Inteligencia Artificial

Los investigadores en Inteligencia Artificial se concentran principalmente en los sistemas expertos, la resolución de problemas, el control automático, las bases de datos inteligentes y la ingeniería del software (diseños de entornos de programación inteligente). Otros investigadores están trabajando en el desafío del reconocimiento de modelos donde se espera un rápido progreso en este campo que comprende la comprensión y la suma del habla, el proceso de imágenes y la visión artificial.

Cuando un trabajo se realiza por medio de un algoritmo perfectamente definido de acumulación, clasificación o cálculo, lo puede hacer un computador. Esta noción de algoritmo, secuencial, fijo y de determinadas operaciones, es incapaz de operar problemas donde el camino del razonamiento es variable y donde deben afrontarse situaciones diversas sin haber sido detalladas. La Inteligencia Artificial crea uso de un tipo de lenguaje diferente como es el tema de LISP y PROLOG. En 1932, Cannon imaginó la evolución natural como un proceso de aprendizaje. Alan Turing reconoció, en 1950, que debe haber una conexión obvia entre el aprendizaje de máquina y la evolución, y marcó que se podrían desarrollar programas para jugar ajedrez utilizando esta técnica. Los algoritmos genéticos se diferencian también por no permanecer atrapados fácilmente en mínimos locales, como la mayor parte de las técnicas de búsqueda clásicas, además de usar operadores probabilísticos más robustos que los operadores determinísticos, que las otras técnicas frecuentan utilizar.

Base de conocimiento. Sistemas basados en conocimiento

Los procedimientos generales desarrollados para la resolución de dificultades y técnicas de búsqueda al inicio de la era de la Inteligencia Artificial demostraron no ser bastantes para resolver los problemas encaminados a las aplicaciones, ni fueron capaces de satisfacer las difíciles exigencias de la investigación.

A este conjunto de métodos, procedimientos y técnicas, se lo presenta como Inteligencia Artificial Débil. La principal conclusión que se procedió de este trabajo inicial fue que los problemas difíciles sólo lograrían ser resueltos con el auxilio del conocimiento específico acerca del dominio del problema.

Experiencia, habilidades y conocimiento

Los ejemplos de experiencia que son de interés en los métodos basados en conocimiento pueden ser clasificados en tres categorías: asociativa, motora y teórica. Los sistemas basados en conocimiento son excelentes para simbolizar conocimiento asociativo. Este ejemplo de experiencia refleja la destreza heurística o el conocimiento que es logrado mayoritariamente, a través de la investigación.

Puede ser que no se perciba puntualmente lo que sucede al interior de un sistema (caja negra), pero se pueden asociar entradas o estímulos con salidas o respuestas, para solucionar problemas que han estado previamente conocidos. La práctica motora es más física que cognitiva. La destreza se logra esencialmente a través del ejercicio y la práctica física constante. La experiencia teórica y el conocimiento profundo permite que los humanos logren solucionar problemas que no se han visto antes, es decir, no existe una posibilidad asociativa. El diseño de un sistema basado en conocimiento de alguna manera manifiesta la estructura cognitiva y los procesos humanos. La primera parte es la memoria de largo plazo, en la que guarda los casos (Base de Hechos) y los conocimientos (Base de Conocimientos) acerca del dominio en el que tiene experiencia.

Tecnología de los sistemas basados en conocimiento
Desde el punto de vista tecnológico, los Sistemas Basados en Conocimiento logran mostrar varias formas de aplicación:

-Aislada: un Sistema Basado en Conocimiento único se relaciona con el entorno.

-Integrada: varios Sistemas Basados en Conocimiento interrelacionados a bases de conocimiento comunes

-Embebida: un Sistema Basado en Conocimiento está compuesto con otros sistemas y no se lo distingue.

-Componentes: software de interfaz, base de datos, programa computacional.

1) El software de interfaz, mediante el cual el usuario expresa preguntas a éste, el sistema experto pide más información a partir del usuario y éste le expone al usuario la causa de razonamiento utilizado para alcanzar a una respuesta.

2) La base de datos, llamada la base de conocimiento que consiste en axiomas (hechos) y reglas para hacer inferencias a partir de esos hechos acerca del dominio del sistema.

3) El programa computacional, llamado el motor de inferencia, elabora el proceso de hacer inferencias, interpreta y evalúa los hechos en la base de conocimiento para proveer una respuesta.

Tecnologías involucradas

-Lenguajes de Programación

En principio, cualquier lenguaje de programación puede ser utilizado.

Tradicionalmente LISP y PROLOG han sido los lenguajes que se han utilizado para la programación de sistemas expertos.

Estos lenguajes brindan características especialmente diseñadas para operar problemas generalmente hallados en Inteligencia Artificial.

Una de las principales características que comparten los lenguajes LISP y PROLOG, como derivación de su respectiva estructura, es que logran ser utilizados para escribir programas capaces de examinar a otros programas, incluyendo a ellos mismos.

-Lisp: Su nombre viene de LISt Processor. LISP fue el primer lenguaje para procesamiento simbólico. fue desarrollado en 1958, en el Instituto de Tecnología de Massachusetts

-Prolog: PROgramming in LOGic (PROLOG), es otro de los lenguajes de programación utilizados en IA. PROLOG fue desarrollado en Francia, en 1973 en la Universidad de Marseilles.

-OPS5: Official Production System 5 (OPS5), es un lenguaje para ingeniería cognoscitiva que aguanta el procedimiento de representación del conocimiento en forma de reglas.

Sistemas de desarrollo

Históricamente, los primeros Sistemas Basados en Conocimiento fueron desarrollados utilizando lenguajes de programación como el LISP y el PROLOG. A medida que el desarrollo de Sistemas Basados en Conocimiento iba aumentado en cantidad y complejidad, la comunidad científica emprendió a investigar formas de desarrollar los métodos en menor tiempo y con menor esfuerzo.

Esto dio lugar al surgimiento, en primer lugar, a sistemas vacíos como el EMYCIN.

Algunos casos y antecedentes históricos

Los hitos más importantes en el desarrollo de los sistemas expertos son:

1928. Neuman desarrolla un teorema utilizado posteriormente en juegos.

1950. Shannon propone el primer programa de ajedrez.

1956. Newell, Shaw, y Simon crean "IPL-11" el primer lenguaje de programación para IA.

1957. Chomsky escribe "estructuras Sintácticas".

1958. McCarthy introduce el lenguaje "LISP", 1959. Rosenblatt introduce el Perceptron.

1959. EL programa de ajedrez de Samuel gana juegos contra grandes jugadores.

Agentes autónomos

Un agente autónomo es un sistema situado en un entorno y es parte de ese entorno que siente, actúa sobre él, a través del tiempo, persiguiendo sus propios objetivos de forma que afecte lo que siente en el futuro.

Otras aplicaciones

Un agente, tal como se ha definido anteriormente, puede ser usado de múltiples maneras en el medio empresarial actual, por ejemplo:

Newstracker. Este programa recupera datos específicos.

Cuando el usuario indica el tipo de información que le interesa, Newstracker comprende el mensaje y, después de revisar durante horas miles de artículos en periódicos, agencias de noticias o revistas conectadas a Internet, cada mañana "edita" un periódico personalizado.

Si la selección de noticias no satisface por completo al lector, Newstracker toma nota, rectifica y es capaz de aprender de sus errores.

Mind-it. Este servicio gratuito de Internet envía un mensaje por correo electrónico cada vez que una página web (u otro documento) ha sido renovado. Permite elegir una parte de la página web para saber si ha sido renovada. Comunica al usuario, de forma automática, cuándo un documento ha sido trasladado a otra dirección.

Eliza. En 1966, Joseph Weizenbaum, del Instituto de Tecnología de Massachusetts, creó un programa para estudiar el lenguaje de comunicación entre el hombre y el computador. Fue programado para aparentar a un psicoterapeuta y contestar preguntas. Este sistema es muy simple.

Express. Este programa permite realizar múltiples investigaciones simultáneas en diferentes buscadores, y localizar información en la Web de modo fácil y veloz a través de una interfaz sencilla.

Bargain Finder, simbolizado en la red como una esfera amarilla con un casco de minero, se dedica a buscar CD baratos en Internet.

Robótica

Los robots son dispositivos compuestos de censores que reciben datos de entrada, una computadora que, al tomar la información de entrada, ordena al robot que efectúe una determinada acción.

Prototipos de la IA

Aunque desde muy atrás en la historia personalidades como Descartes, Hobbes y Leibniz comenzaban a desarrollar la concepción de que la inteligencia humana funciona como un mecanismo y Von Kempelen y Charles Babbage desarrollaron maquinarias que eran capaces de jugar ajedrez y calcular logaritmos respectivamente, no es hasta 1943 que se perfila de una forma concreta la Inteligencia Artificial con la propuesta de Warren McCulloch y Walter Pitts de un modelo de neurona de cerebro humano y animal que brindaba una representación simbólica de la actividad cerebral. Norbert Wiener retomando esta idea y fusionándola con otras dentro del mismo campo dio origen a la "cibernética"; naciendo de esta en los años 50 la Inteligencia Artificial (IA). Uno de los primeros postulados, basándose en la propuesta de la neurona de McCulloch planteaba que: "El cerebro es un solucionador inteligente de problemas, de modo que imitemos al cerebro". Analizando la complejidad del cerebro y el hardware tan primitivo que existía era casi imposible realizar estos sueños. En la propia década del 50 se desarrolla con cierto éxito un sistema visual de reconocimiento de patrones llamado Perceptrón de Rossenblatt. Todos los esfuerzos en la construcción de esta aplicación estuvieron concentrados en lograr resolver una amplia gama de problemas. Ya en los 60 a partir de trabajos realizados en demostraciones de teoremas y el ajedrez por computador de Alan Newell y Herbert Simon se logra crear el GPS (General Problem Solver; sp: Solucionador General de Problemas). Este programa era capaz de resolver problemas como los de las Torres de Hanoi, trabajar con criptoaritmética y otros similares. Su limitación fundamental es que operaba con microcosmos formalizados que representaban parámetros dentro de los que se podían resolver las problemáticas. Además, no podía resolver situaciones del mundo real, ni médicas, ni tomar decisiones importantes.

Al girar un poco las primeras ideas de crear un sistema que fuera capaz de resolver todos los problemas que se plantearan, hacia la idea de darle solución a problemas que se centraran en ámbitos específicos, surgen los Sistemas Expertos. En 1967 sale a la luz el Dendral y en 1974 el Mycin que realizaba diagnósticos de sangre y recetaba los medicamentos necesarios.

A partir de la década de los 80 se comienzan a desarrollar lenguajes especiales para programar descriptivamente, basados fundamentalmente en predicados, sobresalen el Prolog y el Lisp. La IA se ha desarrollado vertiginosamente en las últimas dos décadas surgiendo sistemas cada vez más potentes y aplicables en una amplia gama de esferas, sociales, económicas, industriales y médicas por solo citar algunas.

Reflexión

La Inteligencia Artificial consiste en crear teorías y algoritmos encaminados a la simulación de la inteligencia, para intentar representar de forma virtual a través de las máquinas el comportamiento de sistemas naturales y fundamentalmente el comportamiento humano. Los sistemas que se desarrollan basados en esta ciencia responden a: principios de aprendizaje, toma de decisiones, reconocimiento de patrones, búsquedas heurísticas, computación evolutiva, e inferencia difusa. Las ramas de la IA son diversas, Programación Simbólica,

Computación Evolutiva, Redes Neuronales, Robótica, Métodos de Solución de Problemas (MSP), Minería de Datos, Minería de Textos, Sistemas Basados en el Conocimiento (SBC), Agentes Inteligentes, Aprendizaje Automático, Reconocimiento de Voz y Reconocimiento de Patrones. Todas estas ramas son aplicables en la sociedad, pero ¿Qué modelos o patrones definen el desarrollo de la IA?, ¿Hacia qué dirección se dirige ésta? Dar respuestas a las interrogantes anteriores es el principal objetivo de este artículo.

Desarrollo

El surgimiento y desarrollo de la Inteligencia Artificial ha sido condicionado por metas ambiciosas que se han perfeccionado y ampliado con el de cursar de los años. El primer paradigma en la historia de la IA fue sin dudas el de simular el funcionamiento del cerebro humano, postulado sobre la idea de que nuestro pensamiento es como una coordinación de tareas simples relacionadas entre sí mediante mensajes, en esos momentos en que el hardware era precario y el desarrollo de esta ciencia muy incipiente parecía imposible de alcanzar este objetivo, no obstante, se lograron resultados discretos en el trabajo con neuronas artificiales. En 1958 surgió la primera Red Neuronal compuesta por la asombrosa cantidad de una neurona, veía la luz el Perceptrón de Rossenblatt. Poco después se trazó la meta de crear un sistema que fuera capaz de resolver cualquier situación, pero los conjuntos problemas solución eran muy abarcadores y no tardó mucho que esta idea se abandonara o, mejor dicho, se perfeccionara. El giro de este paradigma representó el surgimiento de otro que hasta la actualidad se mantiene con metas cada vez más ambiciosas. Un Sistema Basado en el Conocimiento es la idea refinada de tener un Solucionador General de Problemas con la diferencia que se centra en un microcosmos definido por reglas de conocimientos específicas, obtenidas de las experiencias de los expertos humanos. Nacido en 1967, Dendral fue el primero de los Sistemas Expertos, marcando el inicio de innumerables aplicaciones basadas en el conocimiento. Actualmente estos sistemas constituyen uno de los modelos más importantes para el avance de la Inteligencia Artificial. Con cierto paralelismo fueron surgiendo otros campos de la IA que hoy, ya bien elaborados toman fuerza y definen el desarrollo de esta. Principalmente se identifican como los tres paradigmas del desarrollo de la IA: Redes Neuronales, Algoritmos Genéticos y Sistemas de Lógica Difusa. Las Redes Neuronales simulan ciertas características de los humanos como la capacidad de asociar hechos, de memorizar, de aprender y porque no también, de olvidar. Una red neuronal es "un nuevo sistema para el tratamiento de la información, cuya unidad básica de procesamiento está inspirada en la célula fundamental del sistema nervioso humano: la neurona".

La capacidad de aprendizaje adaptativo de estas redes condiciona la realización de tareas a partir de modelos creados mediante entrenamientos supervisados o no supervisados. Autoadaptarse para poder encontrar soluciones hasta el momento no conocidas, es parte de sus características de aprendizaje, lo logran gracias a que son muy dinámicas y se autoajustan con facilidad. Por lo general una red después de su entrenamiento puede continuar aprendiendo durante toda su vida sin la necesidad de la creación por parte de su diseñador de algún algoritmo para resolver el problema, pues ellas generan sus propias distribuciones de los pesos en los enlaces. Tienen gran tolerancia a los fallos en cuanto a la entrada de datos como la integridad de la red, son capaces de aprender a reconocer patrones con diferentes interferencias y aunque parte del sistema esté dañado pueden seguir realizando sus funciones hasta cierto punto. Autoorganizan la información de manera tal que si alguna entrada no está clara o completa puedan dar una solución o aun cuando no habían sido expuestas a esas situaciones.

Los campos en los que se pueden aplicar las Redes Neuronales son amplios, entre ellos resaltan: Maximización de solución, Reconocimiento de patrones, Aprendizaje supervisado y no supervisado y en Autómatas. Los Algoritmos Genéticos maximizan soluciones para ello imitan la evolución biológica para resolver problemas, seleccionando de un grupo de soluciones generadas aleatoriamente las que más se puedan acercar a posibles soluciones de la situación planteada permitiéndoseles vivir y reproducirse con técnicas de cruzamientos o introduciéndole mutaciones para producir pequeñas variaciones en su constitución. Los nuevos individuos se someten a otra iteración en la cual los que han empeorado o no han mejorado se desechan y se vuelven a reproducir los vencedores. Se espera que los resultados mejoren sustancialmente con el transcurso de las generaciones llegando a obtener resultados muy precisos. El objetivo de los AG es buscar dentro de varias hipótesis la mejor de ellas, que en este caso es la que optimiza el resultado del problema dado, es decir, la que más se aproxima a dicho valor numérico una vez evaluada por la función de evaluación. Entre las principales funciones de selección de individuos que se convertirán en padres se encuentran: Función de Selección Proporcional a la Función Objetivo, donde cada individuo tiene una probabilidad de ser seleccionado como padre que es proporcional al valor de su función objetivo; Selección Elitista, intenta escoger el mejor individuo de la población; Selección por Torneo, la idea principal consiste en escoger al azar un grupo de individuos de la población. Una vez seleccionados los individuos padres deberán ser cruzados por medio de la selección de un punto de corte para posteriormente intercambiar las secciones. Se puede introducir un operador de mutación para generar pequeñas variaciones en el código genético de los individuos. Los Algoritmos Genéticos son aplicables a la Ingeniería Aeroespacial; a la Astronomía y Astrofísica para obtener la curva de rotación de una galaxia, determinar el periodo de pulsación de una estrella variable; a la Química; a la Ingeniería Eléctrica; a las Matemáticas y algoritmia para resolver ecuaciones de derivadas parciales no lineales de alto orden; la Biología Molecular; Reconocimiento de Patrones y Explotación de Datos y la Robótica para controlar y decidir qué acciones realizar en diferentes situaciones. Los Sistemas de Lógica Difusa manejan y trabajan la certidumbre de datos difusos, permiten representar de forma matemática conceptos o conjuntos borrosos en los cuales no se pueden determinar soluciones exactas a partir de datos umbrales. En contraposición con la Lógica Clásica, esta trabaja con valores entre cero (0) y uno (1) donde pueden existir varios resultados verdaderos con diferentes grados de precisión. Si usted necesita determinar si una persona es alta con la ayuda de la Lógica Clásica, normalmente lo haría comparando con un valor numérico para obtener un resultado booleano de verdadero o falso, pero ¿Cómo saber cuan alta es una persona? Con la ayuda de la Lógica Difusa es muy fácil resolver esta dificultad, solo hay que trabajar con grados y a estos asignarles valores de cuantificación, así si una persona mide 1.85 metros podemos decir que en una escala de cero a uno [0,1] tiene un valor de 0.92 al cual puede estar asignado el valor cuantificador de "bastante alto".

Esta lógica se adapta mucho mejor a la vida cotidiana y es capaz de interpretar expresiones como: "hace poco frío" o "estoy muy cansado". Esto se logra al adaptar el lenguaje para que comprenda nuestros cuantificadores. Para los conjuntos difusos se definen también las operaciones de unión, intersección, diferencia, negación o complemento. Cada conjunto difuso tiene una función de pertenencia para sus elementos que indican en qué medida el elemento forma parte de ese conjunto.

Algunas de las formas de funciones de pertenencia más típicas son lineales, trapezoidales y curvas.

Su basamento está sustentado por reglas heurísticas de la forma SI (expresión) ENTONCES (acción) donde la expresión –que es un antecedente– y la acción –que es el consecuente– son conjuntos difusos.

Ej.: SI hace muchísimo frio entonces aumentó considerablemente la temperatura.

La Lógica Difusa se usa cuando los problemas a resolver poseen una amplia complejidad o no existen modelos matemáticos precisos, para procesos altamente no lineales y cuando se envuelven definiciones y conocimiento no estrictamente definido, para tratar variables lingüísticas, con grados de partencia a diferentes conjuntos o términos de variables lingüísticas.

Algunos ejemplos de aplicación de la Lógica Difusa tienen pie en: Sistemas de Control de Acondicionadores de aire; Electrodomésticos familiares; Optimización de Sistemas Industriales; Sistemas Expertos; Bases de Datos Difusas para almacenar y consultar información imprecisa; en la Inteligencia Artificial para la resolución de problemas relacionados con el control industrial y sistemas de decisión en general.

La Inteligencia Artificial como ciencia, promete la solución a diferentes dificultades de la vida humana, exploraciones en lugares donde los humanos no pueden acceder, realización de trabajos con riesgos para la vida, toma de decisiones que impliquen pensamientos sentimentales y reconocimiento de patrones.

Áreas donde se utiliza la IA

Aplicación en la Ingeniería Civil
La Inteligencia Artificial tiene muchos usos que van relacionados con el tipo de estructura que se esté realizando, por ejemplo:
-Sistemas de diseño de estructuras como túneles de viento y edificios.
En ingeniería, un túnel de viento o túnel aerodinámico es una herramienta de investigación desarrollada para ayudar en el estudio de los efectos del movimiento del aire alrededor de objetos sólidos.
Con este aparato que simulan las condiciones experimentadas por el objeto en la situación real.

-Sistemas de diagnóstico contra fenómenos atmosféricos (tormentas, ciclones, tornados...). Gracias a las nuevas maquinarias de diagnóstico atmosférico los ingenieros poseen la capacidad de determinar en qué periodo del año es mejor realizar levantamientos de grandes estructuras, así determinar qué medidas de seguridad deben tener las edificaciones dependiendo del clima en que se encuentren.

-Evaluación y ajuste de consistencia en mega estructuras. Con ayuda de modelos computarizados es posible saber si el nivel de consistencia y fortaleza de las edificaciones antes de construidas lo que ayuda a la minimización de costos y tiempo en las construcciones.

-Evaluación de elasticidad frente a terremotos y sismos. Una de las aplicaciones más importante de la IA hoy en día, puesto que las ciudades van en aumento si para su desarrollo se han visto forzadas a elevar grandes edificios, pero dichos edificios deben ser lo suficientemente seguro como para que las personas puedan vivir dentro, aquí se usan modelos sísmicos que le permiten saber a los ingenieros que zonas están más expuestas a colapsar en caso de un terremoto, permitiéndole aumentar la elasticidad y reforzar la edificación.

IA en la agricultura
El desarrollo de herramientas computacionales aplicadas a brindar soluciones en materia de agricultura es de vital importancia, ya que hay gran variedad de cultivos, los cuales podrán obtener mayor

valor económico y calidad si logramos que dichas herramientas brinden el soporte necesario que estos necesitan.

La I.A a través de Sistemas Inteligentes permiten un mayor control de los procesos involucrados en la agricultura que se hacen más necesarios de desarrollar, dada la necesidad en el sector y por los buenos resultados que este tipo de aplicaciones han mostrado hasta la actualidad.

Las principales áreas de la agricultura en las que se puede utilizar la I.A son:

1. Planificación agraria y de recursos naturales.
2. Gestión integral de cultivo.
3. Control de plagas y enfermedades.
4. Diagnóstico.
5. Análisis de inversiones.
6. Control de automatismos.
7. Selección de maquinaria.
8. Control de riego y otros

Generaciones de la IA en la agricultura
Primera generación
Es en la que estamos viviendo y se caracteriza por que los robots agricultores son pequeños y están

dotados principalmente de un sistema de visión artificial. Son capaces de realizar tareas de búsqueda y transmisión de información sobre el terreno de una forma totalmente nueva en el sector agrícola:
- Distribuídos por hectáreas de terreno.
- Son capaces de orientar sus búsquedas.
- Intercambiar información con otras unidades.
- Detectar epidemias e insectos peligrosos, advirtiendo de ello a los demás robots desplegados sobre el terreno.

Segunda generación
Pretende llegar más lejos y realizar tareas agrícolas más complejas, como roturar mecánicamente un terreno y fumigarlo con la ayuda de GPS. Estos robots también serán de pequeño tamaño, excepto los que se dediquen a cosechar, los cuales deberán tener un tamaño equivalente al de las maquinas actuales, conducidas directamente por el hombre.

Tercera generación
Formará parte de un sistema más amplio para gestionar en su conjunto la granja del futuro, con

actividades complementarias a las estrictamente agrícolas, como la ganadera y la gestión comercial. En Japón ya existen unos pequeños robots autónomos que plantan arroz en plantaciones reales.

Sistemas Inteligentes en la Agricultura	Sistemas Expertos en la Agricultura	Robótica en la agricultura
Son aplicaciones que tienen como objetivo resolver tareas repetitivas, mecánicas o de manejo de grandes volúmenes de información.	Los Sistemas Expertos (SE) tienen por objetivo emular el conocimiento de un humano en un determinado dominio y su aplicación está orientada a brindar asistencia con el objetivo de obtener una mejor calidad y rapidez en las respuestas	Recibe el nombre de Robótica Agrícola, es la tecnología de la automatización aplicada a biosistemas tales como la agricultura, la silvicultura, las industrias pesqueras y otros fines.

La IA y la educación

En los años 50 aparecieron los primeros sistemas de enseñanza llamados programas lineales. Aquellos programas eran muy básicos y la mayor desventaja era que el método de enseñanza no se podía cambiar ni el programador podía realizar dicho cambio. A principio de los años 60, las computadoras, la compra y venta de estas, comenzó a emerger gracias a que las universidades las requerían en gran cantidad, sobre todo Estados Unidos. De allí que la computadora llego a formar gran parte de la educación de los profesionales. Tan rápido como las universidades adquirieron las computadoras comenzaron a cambiar su método de enseñanza obteniendo magníficos resultados.

En la actualidad
La historia de los ordenadores en la enseñanza es una historia breve, de poco más de cuarenta años, y está vinculada de forma muy estrecha a la propia evolución y avance de la tecnología informática, por una parte, y al desarrollo de las teorías del aprendizaje y enseñanza por otra. Desde que, a mediados del siglo XX, Skinner propusiera el concepto de "máquinas de enseñar", el desarrollo y preocupación de la utilización de los ordenadores en la enseñanza ha estado dominado por esta idea: ¿es posible lograr que un sujeto humano aprenda a través de la interacción, casi exclusiva, con una máquina? Los logros y avances a lo largo de varias décadas de

investigación fueron menos exitosos de lo esperado. La adaptación de los sistemas escolares a un modelo de escolaridad apoyado en las tecnologías digitales es y será un proceso parsimonioso, lento, con altibajos, con avances y retrocesos. Este proceso de cambio exige, como condición inicial, pero no única, la disponibilidad de recursos tecnológicos abundantes en los centros educativos. Sin un número adecuado de ordenadores, sin software apropiado, sin cableado ni infraestructuras no habrá, evidentemente, prácticas educativas apoyadas en las tecnologías informáticas. Pero esto es, a todas luces, insuficiente si lo que perseguimos es la innovación y mejora educativa. La incorporación de las nuevas tecnologías si no van acompañadas de innovaciones pedagógicas en los proyectos educativos de los centros, en las estructuras y modos de organización escolar, en los métodos de enseñanza, en el tipo de actividades y demandas de aprendizaje requeridos al alumnado, en los sistemas y exigencias evaluativos, en los modos de trabajo y relación del profesorado, en la utilización compartida de los espacios y recursos como pueden ser las salas de informática, en las formas de organización y agrupamiento de la clase con relación al trabajo apoyado en el uso de ordenadores, afectarán meramente a la epidermis de las prácticas educativas pero no representarán mejoras sustantivas de las mismas.

La clase virtual del futuro
La educación y las nuevas tecnologías están condenadas a entenderse. Los nuevos soportes ofrecen infinitas posibilidades para conseguir acercar los contenidos de las materias a unos alumnos a los que el concepto de nativo digital ya le suena a antiguo.
La mayoría de los países europeos ya han movido ficha y se han invertido millones de euros en dotar de nuevas tecnologías los centros de enseñanza. Aun así, muchos expertos tienen la sensación de que no se les saca todo el rendimiento posible. La pizarra es una gran tableta digital, que navega por internet y que permite, con un simple movimiento de las manos, ampliar contenidos, fotografías, textos, simulaciones, etc. Cada pupitre tiene también su propio monitor es otra tableta, pero más sencilla y está equipado con unos auriculares, que estimulan el aprendizaje de idiomas y que los alumnos usan puntualmente, solo

cuando la actividad de la clase lo requiere. Hay taquillas dotadas de cargadores eléctricos para baterías de teléfono móvil y ordenador portátil y, a la entrada, un pequeño dispositivo toma la huella dactilar de cada estudiante, de manera que no hay que pasar lista. Es el aula del futuro, un espacio donde "la tecnología será en efecto un elemento omnipresente".

Libros inteligentes

De cómo serán los libros en el futuro no tengo ni idea, pero sí sé cómo es el presente del libro con inteligencia artificial. Los bidibooks funcionan por un código QR (Quick Response Codes) para teléfonos móviles. Para usarlos sólo hay que descargar al móvil un programa lector de QR y hacer una foto con la cámara del teléfono al código.

Pero para que funcione este sistema es, además, necesario tener conexión a Internet en el móvil o poder hacerlo vía Wi-Fi.

Esos códigos QR (códigos de barras en dos dimensiones impresos en el papel) la cámara los traduce al teléfono en una URL que remite al lector a más información en la Red sobre esa obra que tiene entre sus manos.

Así, se tiene acceso a vídeos, fotografías y textos vinculados al libro, desde determinadas fuentes.

Inteligencia Artificial en la Industria

La Inteligencia Artificial es una rama de la ciencia de computación que comprende el estudio y creación de sistemas computarizados que manifiestan cierta forma de inteligencia: sistemas que aprenden nuevos conceptos y tareas, sistemas que pueden razonar y derivar conclusiones útiles acerca del mundo que nos rodea, sistemas que pueden comprender un lenguaje natural o percibir y comprender una escena visual, y sistemas que realizan otro tipo de actividades que requieren de inteligencia humana.

Al diseñar un sistema de producción integrado por computadora se debe dar importancia a la supervisión, planificación, secuenciación cooperación y ejecución de las tareas de operación en centros de trabajo, agregado al control de los niveles de inventario y características de calidad y confiabilidad del sistema.

Una de las áreas que puede tener mayor incidencia directa en los procesos productivos de la industria nivel mundial, es el diseño de sistemas de soporte para la toma de decisiones basados en la optimización de los parámetros de operación del sistema.

Ejemplo: El sistema de visión artificial Robot Visión PRO, es capaz de ejecutar de manera totalmente automática las labores de identificación de objetos y de control de calidad de estos.

El sistema Robot Visión PRO es un paquete de software de visión que permite la adquisición de imágenes, preprocesamiento y segmentación. Además, realiza procesamiento de datos de alto nivel que brinda filtrado de imágenes, elaboración de clúster y patrones, e identificación de objetos.

Análisis de las Necesidades de un Robot
- Producción Anual
- Almacenamiento
- Tiempo de Manipuleo
- Layout(plan) de Máquinas
- Accesibilidad
- Dotación de Operación y Supervisión

Procesos válidos para obtener resultados racionales:

- Agente inteligente
- Redes neuronales
- Sistemas de lógica difusa
- Sistemas Expertos
- Algoritmos genéticos

Inteligencia Artificial en la robótica

Uno de los aliados número uno en las exploraciones espaciales (especialmente las más arriesgadas) son, sin dudas, los robots.

Es por ello por lo que los esfuerzos puestos en su desarrollo aumentan día a día, dando como resultado increíbles máquinas que casi todo lo pueden.

Conquista espacial

Lanzan innovadores robots espaciales

El sofisticado MarsCuriosity de la NASA, expedicionario tecnológico que aterrizó en Marte el seis de agosto de 2012, con el objetivo de ayudar a los científicos a averiguar si hay o hubo vida en el planeta rojo. La búsqueda del Rover se centró en el Cráter Gale, del cual pudo, por primera vez en la historia, perforar una de sus rocas y recoger varias muestras.

Reconfigurable Integrated Multi Robot Exploration System

Tal vez inspirados en la hazaña del Curiosity, en Alemania se han ideado robots similares pero capaces de explorar los cráteres de la Luna.

El proyecto Reconfigurable IntegratedMulti Robot Exploration System (RIMRES) es impulsado por el Centro de Innovación de Robótica (DFKI) y el Centro de Tecnología Espacial Aplicada y Micro gravedad (ZARM), los cuales esperan poder encontrar agua congelada en el satélite de la Tierra. El primer robot diseñado dentro de RIMRES se llama SHERPA, un transportador que mide 2,4 metros de largo y pesa 200 kilos. Su desplazamiento se realiza mediante un tren híbrido de ruedas y piernas con suspensión adaptable, que le permite moverse con rapidez en terrenos accidentados, escalar rocas o liberarse en caso de quedar atrapado. Su función principal es llevar sobre sí hasta áreas de interés a un segundo robot, CREX. CREX es un mini robot de un metro de longitud que pesa solo 27 kilos, cuenta con patas articuladas y equipadas con sensores, gracias a las cuales es capaz de analizar las superficies por las que se mueve Kirobo. Claro que para ver despegar a estos increíbles robots rumbo a la Luna pasarán muchos años. Pero la presencia de estos aparatos en el espacio no siempre se relaciona con la exploración: también pueden ser útiles herramientas de comunicación. Precisamente, en este tiempo, un robot humanoide en miniatura de origen japonés está por ser enviado a la Estación Espacial Internacional para tender un puente con la Tierra.

Kirobo
Kirobo, diseñado por TomotakaTakahashi y desarrollado por Dentsu Inc., mide 34 centímetros, pesa un kilo y ya fue sometido exitosamente a algunas pruebas de gravedad cero. Por medio de tecnologías de procesamiento de lenguaje aportadas por Toyota, el simpático humanoide puede entender y hablar en japonés. De esta manera, podrá entretener al astronauta Koichi Wakata, que recibirá y responderá mensajes de Twitter desde y hacia nuestro planeta a través del robot.

Robots

La Inteligencia Artificial se ve aplicada al manejo de diferentes maquinas haciéndolas cada vez mejores al momento de recibir y controlar información exterior mediante su programación y sensores especializados, en donde nacen los conocidos Robots.

Los Robots son diseñados con la finalidad de reducir el esfuerzo del hombrees por ello que los robots tienen su respectiva clasificación.

Robots Playback, los cuales regeneran una secuencia de instrucciones grabadas, como un robot utilizado en recubrimiento por aerosol o soldadura por arco.

Estos robots comúnmente tienen un control de lazo abierto.

Robots controlados por sensores, estos tienen un control en lazo cerrado de movimientos manipulados, y hacen decisiones basados en datos obtenidos por sensores.

Los robots médicos son, fundamentalmente, prótesis para disminuidos físicos que se adaptan al cuerpo y están dotados de potentes sistemas de mando.

Con ellos se logra igualar al cuerpo con precisión los movimientos y funciones de los órganos o extremidades que suplen.

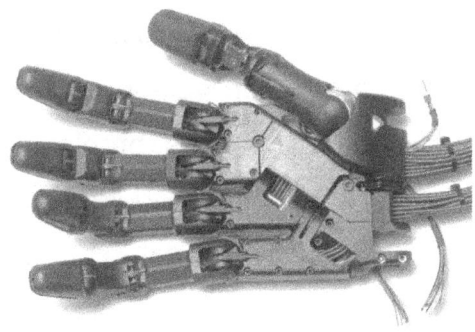

Los androides son robots que se parecen y actúan como seres humanos.

Los robots de hoy en día vienen en todas las formas y tamaños, pero a excepción de los que aparecen en las ferias y espectáculos, no se parecen a las personas y por tanto no son androides.

Actualmente, los androides reales sólo existen en la imaginación y en las películas de ficción.

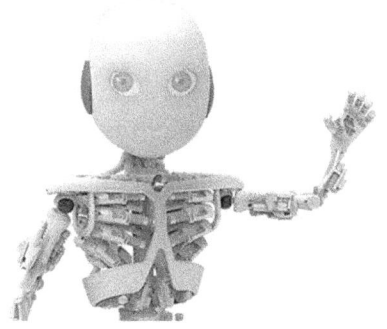

Los robots móviles. Están provistos de patas, ruedas u orugas que los capacitan para desplazarse de acuerdo su programación. Elaboran la información que reciben a través de sus propios sistemas de sensores y se emplean en determinado tipo de instalaciones industriales, sobre todo para el transporte de mercancías en cadenas de producción y almacenes. También se utilizan robots de este tipo para la investigación en lugares de difícil acceso o muy distantes, como es el caso de la exploración espacial y las investigaciones o rescates submarinos.

En la actualidad a los robots se les puede dar diversas aplicaciones en diferentes campos, al ser maquinas programables pueden realizar casi cualquier tarea dependiendo de las limitaciones impuestas por la persona que lo creo.

-En la industria: los robots industriales son empleados en el campo laboral industrial sus aplicaciones varían dependiendo del proceso que sea necesario forjar, se los usa para ensamblado como puede ser unir piezas, cortar, o se los puede utilizar para soldar, como los usan en las grandes empresas automovilistas, procesos especiales, empaquetar, pintar, para trasportar piezas de carga o descarga.

Se los utiliza más en procesos de producción en serie por su capacidad de hacer la misma actividad una y otra vez y como son maquinas no se cansan, ni cometen errores por fatiga como los humanos.

-En el hogar: los robots empleados en el hogar pueden hacer diferentes tareas como son dar servicio a las personas, dar seguridad, funcionan también como medio de entretenimiento, pueden hacer tareas como de limpieza y reparación, son multifuncionales y se adaptan a la tarea que se quiera realizar.

-Entornos Peligrosos: los robots en este campo son robots especiales diseñados para entrar en entornos peligrosos para el ser humano algunos de estos por ejemplo son los empleados para desarmar bombas, limpiar lugares peligrosos, trabajar con desechos químicos, ayudar en labores de rescate, adentrarse en el océano como submarinos.

-Exploración: los llamados robots espaciales trabajan en el espacio, algunos recolectan información para después ser estudiada.

-Salud: en el área de la salud los robots son usador para realizar operaciones de gran precisión, algunos también diseñados para ayudar a los ancianos y personas discapacitadas.

Entretenimiento: son robots diseñados estrictamente al entretenimiento como por ejemplo los pequeños robots de figuras conocidas como, perros, gatos dinosaurios, figuras de acción, etc.

Los sensores inteligentes

El ser humano por naturaleza siempre ha utilizado sus sentidos para mejorar su calidad de vida. Su comodidad depende de visualizar las grandes áreas de producción de alimentos, detección de la temperatura y humedad favorables. La tecnología actual hace que vivamos en un ambiente con la temperatura regulada, nos muestra la mejor manera de llegar a un destino y nos sugiere las mejores prendas según las previsiones meteorológicas.

¿Qué son los sensores inteligentes?

Son aquellos dispositivos que nos permiten palpar, medir o sentir por medios externos las magnitudes de todo aquello que nuestros cinco sentidos de por sí ya realizan. Si se quiere, podemos hasta decir que realizan funciones que, si bien nosotros los seres humanos pudiéramos realizar, nos tardaríamos horas o hasta días y semanas en realizar. Hay sin embargo condiciones o información que los sensores inteligentes nos entregan que ni los mismos seres humanos podríamos dar con tanta precisión. Tal es el sencillo caso de la temperatura ambiente. Podemos sentir el calor y el frío. Podemos estimar un aproximado de la misma en grados centígrados, pero no podremos dar un valor preciso de dicha temperatura. Hoy en día, nuestra calidad de vida se define al decidir qué hacer con el tiempo libre que ganamos gracias a la tecnología: ir a un gimnasio, viajar, disfrutar de la familia o amigos, etc. Los sensores tienen un papel fundamental en este avance tecnológico, convirtiendo máquinas y procesos más autónomos en nuestra búsqueda de una calidad de vida más tranquila. Empresas dedicadas a la construcción de sensores tienen una gran variedad de estos. Las magnitudes físicas que podemos medir hoy en día con la línea de sensores inteligentes son muy variadas.

Sensores primitivos vs sensores inteligentes
En contraste con los sensores inteligentes, los sensores primitivos son dispositivos o materiales que

tienen alguna propiedad eléctrica que cambia con algún fenómeno físico. Un ejemplo de un sensor primitivo es la fotorresistencia de sulfato de cadmio. Su resistencia cambia con la intensidad de la luz. Con el programa y el circuito adecuados, es posible realizar mediciones de luz con un microcontrolador. Otros ejemplos de sensores primitivos comunes son los sensores de temperatura con salida de corriente/tensión, transductores de micrófonos y aún el potenciómetro, que es un sensor de posición rotacional. Dentro de cada sensor inteligente radica uno o más sensores primitivos y la circuitería de soporte.

Lo que hace a un sensor inteligente "inteligente" es la electrónica Interconstruida adicional.

Esta electrónica hace que estos sensores sean capaces de hacer una o más de las siguientes funciones:
- Preprocesar los valores medidos en cantidades que posean algún significado.
- Comunicar las medidas con señales digitales y protocolos de comunicación.

- Orquestar las acciones de los sensores primitivos y sus circuitos para "tomar" mediciones.
- Tomar decisiones e iniciar alguna acción en base a las condiciones censadas, de manera independiente al microcontrolador.
- Recordar la calibración o la configuración de sus parámetros.

Marco metodológico

Las diferentes metodologías utilizadas para la redacción de este trabajo fueron, principalmente la investigación por medio de internet, de ahí que la información que encontrábamos, la clasificábamos en, la que era útil para el trabajo y la que no lo era, también investigamos con trabajos ya hechos por profesionales que nos proporcionaron mucha más información.

Las ilustraciones también fueron proporcionadas por el internet. La edición de este documento fue hecha de manera grupal, con el fin de que todos tuvieran contribuyeran a él.

Inteligencia Artificial en la empresa

En el momento actual la Inteligencia Artificial se aplica a numerosas actividades humanas, y como líneas de investigación más explotadas destacan el razonamiento lógico, la traducción automática y comprensión del lenguaje natural, la robótica, la visión artificial y, especialmente, las técnicas de aprendizaje y de ingeniería del conocimiento. Estas dos últimas ramas son las más directamente aplicables al campo de las finanzas pues, desde el punto de vista de los negocios, lo que interesa es construir sistemas que incorporen conocimiento y, de esta manera, sirvan de ayuda a los procesos de toma de decisiones en el ámbito de la gestión empresarial. En el ámbito específico del Análisis Contable, según Ponte, Sierra, Molina y Bonsón (1996) la Inteligencia Artificial constituye una de las líneas de actuación futura más prometedoras, con posibilidades de aplicación tanto en el ámbito de la investigación como en el diseño de sistemas de información inteligentes, que no solamente proporcionen datos al decisor, sino que recomienden el mejor curso de actuación a seguir.

De entre todos los paradigmas y estrategias de la Inteligencia Artificial, actualmente dos tienen el mayor interés para las aplicaciones en la empresa: los sistemas expertos y las redes neuronales artificiales. Estos sistemas se pueden combinar, por lo que una solución práctica es utilizar sistemas mixtos que incorporan un módulo de sistema experto con sus reglas junto a otros módulos neuronales y estadísticos.

Solvencia empresarial

Según Altman y Saunders (1998, p. 1722) el análisis de la solvencia empresarial ha sufrido una gran evolución a lo largo de los últimos 20 años, debido a factores tales como el aumento en el número de quiebras, la desintermediación creciente que se observa en los mercados financieros, la disminución de los tipos de interés o el desarrollo de nuevos instrumentos financieros. Todo ello ha impulsado el desarrollo de nuevos y más sofisticados métodos de análisis de la solvencia, y entre este tipo de sistemas ocupan un papel destacado aquellos que están basados en técnicas de Inteligencia Artificial. La determinación de la solvencia futura de una empresa puede ser entendida en la mayoría de los casos como una operación de clasificación, es decir, dada una información inicial o conjunto de atributos asociados a una empresa, y extraídos en su mayor parte de los estados contables de la misma, lo que pretende el analista es tomar la decisión de clasificar a esa empresa dentro de una categoría concreta de riesgo financiero, de entre varias posibles. Aplicando la clásica división que hizo Simon de los procesos de decisión entre estructurados y no estructurados, es claro que esa decisión es de tipo no estructurado ya que no existe un procedimiento definido para abordarla, siendo necesario el juicio y la propia evaluación del decisor. Tal y como señalan diversos autores Ball y Foster, Martín Marín, no existe una teoría comúnmente aceptada que explique el fenómeno del fracaso empresarial, por lo que a priori no es posible establecer qué variables financieras ni qué valores en las mismas determinan la futura solvencia o insolvencia de una firma. Debido a lo anterior, el estudio de la solvencia implica una investigación selectiva dentro de un espacio de alternativas inmenso pues, como se ha comentado, no existe un procedimiento que conduzca de forma inequívoca a la solución óptima. Por lo tanto, la selección ha de estar basada en reglas prácticas o heurísticas, debiendo fijarse también un criterio de suficiencia para determinar cuándo las soluciones encontradas son satisfactorias. Todo ello concuerda plenamente con el paradigma de la racionalidad limitada, que gobierna los procesos de decisión en el ámbito económico. Ese análisis heurístico se ha implementado tradicionalmente a través de la aplicación de técnicas estadísticas, tales como el análisis multidiscriminante lineal o los diversos modelos de variable de respuesta cualitativa (logit, probit, etc.). Sin embargo, todas estas técnicas presentan limitaciones, pues parten de hipótesis más o menos restrictivas, que por su propia naturaleza la información económica, y en especial los datos extraídos de los estados financieros de las empresas, no van a cumplir, perjudicando así los resultados.

La aplicación de técnicas procedentes del campo de la Inteligencia Artificial surge como un intento de superar esta limitación, pues estas últimas no parten de hipótesis preestablecidas y se enfrentan a los datos de una forma totalmente exploratoria, configurándose como procedimientos estrictamente no paramétricos. En los epígrafes restantes se revisan las aplicaciones al campo del análisis de la solvencia de los diversos sistemas de Inteligencia Artificial. Las principales diferencias entre las mismas radican en la forma en la que abordan el proceso de elicitación, que es la fase en la cual se extrae el conocimiento de las fuentes elegidas y, en este sentido, O'Leary indica que los sistemas inteligentes pueden construirse a partir de dos enfoques:

-Introducir en el ordenador el conocimiento que un(os) experto(s) humano(s) ha(n) ido acumulando a lo largo de su vida profesional, obteniéndose así lo que se conoce como sistema experto.

El principal problema que ocasiona este enfoque consiste en que el proceso de captación de la información ha de hacerse mediante entrevistas al experto o bien observando directamente su comportamiento a través de un análisis de protocolos. Esto ocasiona un cuello de botella en el desarrollo de las aplicaciones, por lo que para solucionarlo surge el enfoque indicado en el siguiente acápite.

-Elaborar programas de ordenador capaces de generar conocimiento a través del análisis de los datos empíricos y, en una fase posterior, usar ese conocimiento para realizar inferencias sobre nuevos datos. Fruto de este enfoque surgen diversos procedimientos, conocidos como Machine Learning (Aprendizaje Automático) o Data Mining (Explotación de Datos), que van a permitir la transformación de una base de datos en una base de conocimiento. Las técnicas aplicables pertenecen en su mayor parte a dos bloques principales:

-Las que buscan el conocimiento a través de un proceso consistente en anticipar patrones en los datos. Las diversas arquitecturas de Redes Neuronales Artificiales van encaminadas a este propósito.

-Aquellas consistentes en inferir reglas de decisión a partir de los datos de la base. Para ello existen diversos algoritmos de inducción de reglas y árboles de decisión.

IA en la cibernética

En nuestros días la Cibernética no debe verse ni como una ciencia, ni como una disciplina; sino como un movimiento de ideas, que trató de romper con la estrechez de conocimientos propios de cada disciplina. El movimiento cibernético permitió que científicos de ramas muy diferentes se agruparan en colectivos de investigación y por primera vez, matemáticos, fisiólogos y especialistas en electrónica se integrarían en equipos multidisciplinarios. Su creador Norbert Wiener después de estar años trabajando en las teorías matemáticas y de agregar algunas fórmulas más al gran aparato matemático, comenzó a trabajar en cuestiones técnicas como el control de los disparos de la artillería antiaérea y la transmisión más eficiente de mensajes codificados a través de sistemas de comunicaciones. Escribió un libro sobre cibernética y el control en los animales y las máquinas que se convirtió en un éxito. Las condiciones estaban dadas para una nueva revolución dentro de la ciencia. La cibernética se basa en el estudio de las máquinas (objetos artificiales) y su aplicación, lo que promovió una nueva revolución científica sobre la base de la interrelación de los humanos con las máquinas a un ritmo tecnológico de crecimiento jamás visto y de carácter impredecible. Este ritmo ya se hace sentir y podemos afirmar, por ejemplo, que un hombre del siglo XVI pudiese muy bien, haber vivido sin mucho sobresalto en el siglo XVII en cambio uno del siglo XIX tendría grandes problemas para adaptarse al XX y todo indica que esta aceleración seguirá aumentando, lo cual hará que una persona en su vejez tenga que vivir en un mundo totalmente diferente al de su infancia. Con la cibernética el concepto de máquina ha ido cambiando a lo largo de los años. Luego de aquellas primeras máquinas mecánicas donde se pretendía reemplazar completa o parcialmente el trabajo físico del hombre y de los animales, han seguido otras, cuyo fin, es la mecanización del trabajo intelectual. Hoy las máquinas realizan funciones que antes se consideraban propias del intelecto humano. Pero quizás el aporte más importante de la cibernética fue fundamentarse sobre las analogías, de ahí su característica de ciencia exógena, la cual está dada por la interrelación con otras ramas del conocimiento y su asimilación interna, pero sobre todo por la propuesta de teorías generales que expliquen fenómenos propios de las otras ciencias. Por ejemplo, la cibernética ha preferido basarse en la teoría de los modelos, que hace más hincapié en la representación funcional de los organismos que en su estructura, en el sentido vertical o jerárquico. Esto, unido a la búsqueda de analogías entre los fenómenos y no a la reducción de uno en otro la llevó a convertirse en una ideología científica para la comprensión del mundo.

Otro de los aportes de la cibernética, es la utilización del aparato matemático, que hasta ese momento era de uso casi exclusivo de la física y como la cibernética a su vez era una disciplina común a varios sectores de investigación, trajo como consecuencia que ramas como la psicología, la sociología y la biología, pudieran de alguna manera formalizar sus teorías, y aún fue más lejos, ya que les proporcionó métodos de experimentación a través de la creación de máquinas que permitieran estudiar conductas, reacciones, reflejos, aprendizaje, etc. Cuando los cibernéticos intentaban modelar la estructura de un objeto, más que la estructura lo que tenían en cuenta era la reproducción de su funcionamiento sobre otra estructura y se aspiraba a que ese modelo u objeto artificial exhibiera una conducta similar a la del original. Digo similar porque en realidad la conducta mostrada por los modelos siempre ha estado supeditada a la interpretación del investigador. Estos intentos de modelación llevaron a los científicos a la construcción de máquinas con conducta como las tortugas de Grey Walter y los zorros de Albert Ducrocq, que no eran más que pequeñas máquinas dotadas de movimiento y que se orientaban por la luz, otras se orientaban por el sonido o poseían alguna forma de radar. Pero lo más interesante era la interpretación que se le daba al comportamiento de estos ciberanimalitos. Para Grey Walter las tortugas podían pasar de un comportamiento flemático a otro irascible. Para Ducrocq, sus zorros eran capaces de manifestar sentimientos de afecto entre sí. Sé que esto a los racionalistas les puede parecer infantil, pero no es interesante (por no decir válido) que el ser humano siga recurriendo a su fantasía para interpretar los fenómenos y que mantenga viva, en estos tiempos de determinismo científico, su capacidad de "sorprenderse". Hoy nadie habla de las experiencias emocionales con tortugas, zorros, ratones.

Las ideas eran demasiado simples: cualquier aparato podía mostrar alguna forma de conducta humana.

Ese era el gran sueño de los cibernéticos: reproducir la vida en todas sus manifestaciones y no sólo la inteligencia, como pretende en estos tiempos la Inteligencia Artificial.

Y es que la Cibernética no basó su investigación sobre la base de que la máquina sustituiría al hombre, ya que siempre vio a ambos como sistemas con analogías funcionales, que a la vez que tenían grandes diferencias, por ser organismos con estructura y organización propias, poseían a su vez, muchas similitudes.

De ahí que los cibernéticos le dieran, siempre, mayor importancia a la influencia de la estructura sobre la mente, pero ambos vistos como un sistema capaz de funcionar como un todo.

Vivimos en un mundo de crisis tanto social como espiritual, y el hombre desesperado vuelve sus ojos a la ciencia y espera de ella la solución a los grandes problemas que lo agobian y ve en la ideología cibernética un nuevo enfoque. Veamos algunos de los problemas que se están retomando.

El sistema educativo, la salud (las prótesis), la muerte, la creatividad, la producción de bienes de consumo, el desarrollo, la comprensión de la mente humana, la felicidad, la evolución (convergencia hombres y máquinas), nuevas formas de organización social (posthumanidad), mejoramiento humano (conexión hombre máquinas).

Es por eso por lo que la Cibernética al pasar de los años se ha ido transformando en una de las ideologías de las ciencias más influyentes, y al igual que la Física y la Biología, engendra grandes promesas y para muchos se convierte en la nueva salvadora del mundo, gracias a que ha aportado una de las metáforas más ricas y poderosas: la llamada metáfora computacional o cibernética, que ofrece una nueva óptica de la sociedad y abre las puertas hacia una nueva era postindustrial.

Hoy en día son muchos los que piensan que la máquina sustituirá al hombre, o los que creen que la mente humana se puede simular a través de una computadora, o los que sueñan con crear una vida artificial.

IA en Ciborgs

Las aplicaciones resultan de la necesidad de dar a una persona una capacidad motriz, auditiva o visual con la cual no nació, o en su defecto devolver una capacidad que se perdió por alguna circunstancia.

Prótesis

Brazo robótico para discapacitados

Hoy en día las prótesis son una de las mejores soluciones para las discapacidades producto de un accidente, enfermedad y posteriormente amputación, e incluso para personas que participan en guerras que son propensos de perder alguna parte de su cuerpo. No obstante, El norteamericano Dean Kamen presento un brazo robótico que es controlado por el pensamiento de la persona, que manda señales a sus terminaciones nerviosas con lo cual puede mover dicho brazo.

Oído artificial

Este odio artificial se coloca sobre el pequeño centro que procesa los sonidos situados en la base del cerebro e implantan una serie de electrodos en el centro de la audición.

Estos van conectados inalámbricamente a un micrófono externo que consiste en una cinta magnética con la cual el paciente capta los sonidos a través de las antenas implantadas en la piel.

Ojo electrónico

Un equipo de científicos de la Universidad de Illinois ha desarrollado un pequeño microprocesador que puede insertarse directamente en la retina por la parte posterior del ojo.

Este experimento transforma la luz en impulsos eléctricos y así estimula la retina y proporciona a los pacientes una sensación de visión rudimentaria pudiendo distinguir y diferenciar algunas sombras.

Ventajas y aplicaciones en un futuro ficticio
El humano ha conseguido grandes avances en la ciencia y tecnología, muchos de ellos han contribuido en el bienestar de las personas. Pero ahora nos preguntamos ¿El humano está listo para pasar a un siguiente cambio en su evolución? El cambio de que hablamos es el ciborg, el ser hombre-máquina que podría reemplazar a los humanos como los conocemos. En si el avance de la tecnología nos hace suponer que en un futuro podríamos implementar o mejorar a nuestro cuerpo, es decir, lograr optimizar el funcionamiento de algún órgano, o quizá, dar una nueva capacidad al hombre, la idea no es nueva y grandes científicos en el mundo están desarrollando experimentos como por ejemplo el crear un microchip que sea capaz de insertarse en el cerebro y así poder utilizarlo como control para instrumentos y máquinas, esto se desarrolla para personas totalmente discapacitadas, no obstante podemos pensar que alguna persona sin problemas en su cuerpo quiera poseer un controlador para sus máquinas y transmitir

las ordenes mediante estos chips, o en otro caso alguien se le ocurra tratar de mejorar sus funciones motrices, visuales o auditivas para diferentes fines que podrían ser la seguridad, la guerra o el poder, de ahí nace un criterio que hace pensar que el hombre podría evolucionar con mejoras robóticas y convertirse en un ciborg.

Ciborg el ser del futuro

En el futuro la importancia de este tipo de ser es un importante ya que poco a poco se inventa nuevos robots más sofisticados y más inteligentes que pueden poner en peligro la interacción de hombre y máquina. El experto en robótica e inteligencia artificial Kevin Warwick asegura que "Los humanos han tenido su día y ahora tenemos que mejorar y renovar nuestra capacidad con la tecnología". Es decir, el futuro que tienen en mente algunas personas lo ven al hombre fusionado con la máquina.

A decir verdad, en la actualidad no estamos en grandes cambios ni en mejoras de partes de nuestro cuerpo, no obstante, el humano siempre busca la perfección, este es el caso de que los científicos traten de unir nuestro cerebro con partes o maquinas robóticas.

Reflexión

La inteligencia artificial día a día se desarrolla más en los robots en la actualidad se ha creado un robot potencialmente peligroso porque posee un cierto grado de inteligencia, es decir, puede realizar ciertas tareas para las que no fue programado, claro que no las realiza, así como así, sino está conectado a datos de internet y de ahí puede aprender, sin embargo, esto en si podría ser una potencial amenaza para el humano en días futuros. Estos hechos son los que alertan a cierta parte de los científicos y tratan de mejorar la capacidad e inteligencia del humano, tratando de acoplar o mejorar la inteligencia del individuo con la tecnología y optimizar al ser humano a su máxima expresión, claro que esto no se lograra de la noche a la mañana y llevara tiempo para que el humano pueda interactuar, controlar, o manejar las maquinas a partir de su inteligencia.

En esta época en la que nos encontramos está en constante cambio y crecimiento a nivel tecnológico, y como podemos ver muchas personas se benefician de esta situación al poder recibir ayuda de estos aparatos o maquinas que constantemente se están creando a pasos gigantescos, a parte que cada vez aparecen mejoras y que hacen que ciertas discapacidades en si ya no lo sean en su totalidad y dan ayuda a personas que pasan de sentirse marginadas a sentirse incorporadas nuevamente a la sociedad. En la actualidad los aparatos o dispositivos que reemplazan alguna parte de nuestro se vuelven cada vez más comunes y empieza a haber una gran demanda de estos. La ayuda brindada por los reemplazos de nuestros órganos no necesariamente es al 100% exacta a la que poseíamos, es más este reemplazo puede ser muy rustico y con poca habilidad comparando con el órgano original, pero para una persona discapacitada el tener alguna opción de volver a dar uso a una parte que creía que nunca más podría utilizar puede resultar muy esperanzadora y motivadora. En fin no sabemos qué podemos esperar del mañana y de las nuevas innovaciones tecnológicas lo que si podemos estar seguro en que el hombre no parará hasta encontrar grandes mejoras a la vida como la conocemos.

Inteligencia Artificial y sociedad

Los hermanos Wachowski abrieron los ojos a millones de espectadores ante el filme "Matrix" donde programas informáticos manipulaban las vidas humanas.

La trilogía se sumó al tributo cinéfilo del siglo XX a la Inteligencia Artificial. Para la comunidad científica, sin embargo, estos filmes, así como "Inteligencia Artifical" de Steven Spielberg han mostrado una visión distorsionada de la IA, por igualar la inteligencia de una máquina a la humana.

En la actualidad, la realidad dista millones de años luz de la ficción. Pero en un futuro. ¿Habrá algún día máquinas cuya inteligencia iguale a la del ser humano?

En casi todas las universidades del mundo disponen de departamentos o grupos de investigación dedicados a diversas ramas relacionadas con la IA, nombre que los científicos prefieren sustituir por redes neuronales artificiales o mecanismos cognitivos. O simplemente otros métodos de solución de problemas Sus aplicaciones son múltiples predominando los procesos de ingeniería para el diseño de velas de barcos, control de submarinos, monitorización de pacientes o trabajos de semántica o para la medicina. La tecnología ha planteado diversos paradigmas que llevan al agotamiento de teorías y experimentaciones prácticas, pero hay temas apasionantes que a pesar de las derrotas, desarrollan un interés no solo en los científicos sino también en el resto de la sociedad. En este nivel se encuentra la inteligencia artificial definida como "La ciencia que enfoca su estudio a lograr la comprensión de entidades inteligentes". Es evidente que las computadoras que posean una inteligencia a nivel humano, o superior que puedan alcanzar nuestra capacidad humana e incluso nos reemplacen o dominen, tendrán implicaciones muy importantes en nuestra vida diaria y en la sociedad. Actualmente existen dos tendencias en cuanto al desarrollo de sistemas de IA: los sistemas expertos y las redes neuronales. Los sistemas expertos intentan reproducir el razonamiento humano de forma simbólica, por medio de fórmulas y logismos como el código binario. Las redes neuronales lo hacen desde una perspectiva más biológica (recrean la estructura de un cerebro humano mediante algoritmos genéticos). A pesar de la complejidad de ambos sistemas los resultados distan mucho de un auténtico pensamiento inteligente, pues solo llegan a ser reproducción de funciones específicas y no del razonamiento y el pensamiento complejo que caracteriza al hombre. La verdadera inteligencia artificial, se evidenciará cuando no seamos capaces de distinguir entre un ser humano y un programa de computadora en una conversación a ciegas. Se debe pensar que cuando las máquinas alcancen nuestra capacidad mental, tendrán características humanas tales como el aprendizaje, la adaptación, el razonamiento, la autocorrección, el mejoramiento implícito, y la percepción modelar del mundo. Así, se puede hablar ya no sólo de un objetivo, sino de muchos dependiendo del punto de vista o utilidad que pueda encontrarse a la denominada inteligencia artificial. No se pude negar que la Inteligencia artificial traería grandes ventajas para el hombre y marcaría un hito en la historia; pero también se debe ser consciente de sus implicaciones negativas. Por ejemplo, el desempleo, el hombre quedaría reemplazado totalmente por las máquinas que producirían incluso más rápido y con menos complicaciones, pues no mezclarían la vida personal con la laboral como suele ocurrirle al hombre, serían excelente productores, y en un mundo eminentemente capitalista eso es suficiente para sobrevivir y obtener el poder. Por el momento, un hecho que puede tranquilizar es no saber cómo funciona el cerebro humano, esto hace que se vean algunas emulaciones de IA como basura, dicho de otra forma:

Es como si estuviésemos dando palos de ciego para ver cómo podremos crear algo que ni siquiera sabemos bien como es y empezamos a probar con algunas fichas de este enorme puzle de 100.000 millones piezas del cual creo, apenas tenemos 100 y no sabemos si encajan entre sí.

Sin embargo, hay que pensar que, aunque no se logre la imitación perfecta del pensamiento humano, el hecho de crear objetos que puedan reemplazarnos en las a veces banales situaciones de la vida diaria ya transforma a la sociedad, el estilo de vida y la organización que tanto ha costado mantener.

Como influirán mañana los sistemas inteligentes en la vida de la humanidad, que papel desempeñaran en un futuro más o menos lejano estos extraños mecanismos creados por el propio hombre casi a su imagen y semejanza, quien diría que algún día una máquina fuera comparada semejante al humano fuera capaz de realizar actividades con tanta exactitud, y confiabilidad y que este sustituyera su trabajo, no lo sabemos pero es un hecho que ocurrirá por lo tanto no queda más que prepararnos para las futuras tendencias en la humanidad.

Coexisten dos formas de interpretar la inteligencia artificial.

-Se restringe la definición de Inteligencia Artificial a una mera imitación del comportamiento humano, da igual que una máquina sea o no inteligente, mientras lo parezca.

-Otros métodos de Solución de Problemas, los cuales no tendrían solución con algoritmos convencionales.

La capacidad de una máquina de pensar y actuar como el hombre en el ámbito tecnológico de la Inteligencia Artificial es una de las áreas que causa mayor expectación, incluso dentro de la sociedad en general, debido a que la búsqueda para comprender los mecanismos de la inteligencia ha sido la piedra filosofal del trabajo de muchos científicos por muchos años y lo sigue siendo.

El avance tecnológico puede traer grandes cambios a la sociedad. No se puede negar que el empleo de la Inteligencia artificial traería grandes ventajas para el hombre, mejorando la calidad de vida; transformando la sociedad y la forma en que el hombre interactúa con esta, pero también se debe ser consciente de sus implicaciones negativas como la desaparición de empleos que impliquen esfuerzos tanto físico como mental y creación de otros vinculados a las nuevas tecnologías.

Todos sabemos que la evolución tecnológica ha sido muy importante en los últimos años. Haciendo una pequeña visualización a futuro, se hace evidente que el impacto que tendrán los diferentes servicios de telecomunicación, informática y sobre todo la inteligencia artificial o sistemas inteligentes son derivados de esa evolución, en la vida de los ciudadanos será cada vez más importante.

El acceso a Internet será cada vez más rápido, la televisión se hará digital e interactiva, los nuevos operadores ofrecerán alternativas interesantes a la telefonía básica, la domótica entrará de lleno en los hogares, y a través de los sistemas inteligentes puestos algunos ya en marcha en la medicina, industria, agricultura.

Dentro de la sociedad en general la Inteligencia Artificial es una de las ciencias que causa mayor impacto, el aprendizaje de máquinas, resultando importante el proceso de realizar comportamientos inteligentes, que un sistema pueda mejorar su comportamiento sobre la base de la experiencia mediante el proceso de tareas repetitivas y que además que tenga una noción de lo que es un error y que pueda evitarlo, resulta muy interesante.

El hombre y los robots

Este es el gran dilema que la humanidad enfrenta a diario con respecto al avance tecnológico que alcanzan las maquinas día a día en el mundo, en verdad podrían estar en contra nuestra o simplemente quieren alcanzar un grado de inteligencia más allá de que fueron programadas, para poder ver en el peligro en que estamos si es que llegara el día en que las maquinas se revelaran contra sus creadores, tenemos que entender el grado en que las maquinas han llegado a formar parte de nuestra vida cotidiana. En la actualidad se emplean computadoras para vigilar el tránsito, para controlar nuestro consumo de energía, nuestras cuentas bancarias, nuestro tiempo y nuestra seguridad; prácticamente las maquinas controlan la gran parte de las cosas que necesitamos y hacemos en vuestra vida; si no fuera por el control que los humanos tienen sobre esto nada llegaría a ser lo mismo. En la actualidad los científicos de todo el mundo siguen en su progreso de acelerar la evolución de las maquinas con nuevas ideas, con nuevos descubrimientos, etc. Por ejemplo se están comenzando a construir edificios inteligentes, estos estarían equipados con computadores que pueden tendrían la función de proporcionar un espacio seguro y limpio para el usuaria, además de simplificarle la vida con las tareas diarias; esto nos llevaría a pensar en un primer plano que sería algo bueno para los humanos; pero si lo vemos desde otra perspectiva le estaríamos confiando nuestro espacio vital, nuestra forma de vida a una máquina que quien sabe que si en un futuro cercano esto sería algo malo, de que la computadora central que controla todo en el edificio vuelva prisioneros a todos los que la habitan. Otro punto que debemos tratar es el de las maquinas que son capaces de pensar por sí mismas, que son capaces de adquirir conciencia, de tomar el control de la situación reemplazando a los humanos nos referimos a la I.A. (inteligencia Artificial). "La inteligencia artificial es la disciplina que se encarga de construir procesos que al ser ejecutados sobre una arquitectura física producen acciones o resultados que maximizan una medida de rendimiento determinada, basándose en la secuencia de entradas percibidas y en el conocimiento almacenado en tal arquitectura." En otras palabras, una inteligencia artificial es un intento de crear una copia de la conciencia humana, capaz de adquirir voluntad propia y toma de decisiones por sí misma, sin intervención de humanos o de programación. Esto lleva a científicos de todo el mundo a una serie de encrucijadas, ¿Si es posible que un robot razone como un humano? Y si fuera posible ¿Nos consideraría a nosotros como un aliado o como una amenaza para su existencia? La idea de que un robot que razone y que tenga conciencia sobre sí misma como un ser humano, proviene hasta la actualidad de la ciencia ficción, donde se puede crear una respuesta no tan cierta pero posible a esta interrogante. La ciencia ficción nos muestra distintos ejemplos de este dilema; por ejemplo en varias películas vemos que cuando las computadoras comienzan a adquirir conciencia estas comienzan a averiguar su propósito y el motivo de que fueron creados; pero en la mayoría de películas como se ve en la película de "Yo, robot" escrita por Isaac Asimov en 1950; donde nos muestra un mundo donde los humanos han confiado su seguridad y su bienestar a los robots que llegaron a formar la base de la sociedad, estos están protegidos por las 3 leyes que fueron programadas en cada robot, para evitar conflictos entre ellos y los humanos, todo parecía bien, hasta que los robot comenzaron la comprender la función que tiene las 3 leyes en ellos y el rol que cumplen con respecto a los humanos y estos llegan a una conclusión final en el que para proteger a los humanos ellos deben salvarlos de ellos mismos y da como resultado una guerra entre humanos y maquinas. Pero lo cierto es algo, las 3 leyes de la robótica son reales; estas fueron escritas por Asimov el 23 de diciembre de 1940, como una medida de seguridad para los humanos fueron diseñadas estas leyes, pero las leyes son perfectas hasta cierto grado de comprensión, porque si las entendemos de una manera más lógica y racional vemos que existen ciertos vacíos y límites.

Para entender más estas leyes debemos analizarlas una por una:

-Primera Ley: "Un robot no debe dañar a un ser humano o, por su inacción, dejar que un ser humano sufra daño".

La primera ley nos dice que un robot debe proteger a un ser humano aun a costa de su propia existencia, pero y que pasaría si se trata de una situación en el que un ser humano daña a otro, entonces el robot comenzaría a analizar dicha situación llegando a cuestionar ciertas cosas; ¿Cómo se definiría eso como daño?

Y ¿Si estuviese bien dañar a un ser humano para salvar a otro?, esas serían las pautas que pesarían por la mente de un robot si el daño que se provocaría al agresor para salvar a la víctima estaría justificado.

-Segunda Ley: "Un robot debe obedecer las órdenes que le son dadas por un ser humano, excepto si estas órdenes entran en conflicto con la Primera Ley". La segunda ley nos dice que toda orden que es dada por un ser humano se debe obedecer, siempre en cuando no entre en conflicto con la primera ley; pero y si se tratara por ejemplo que un ser humano se encontrara en pleno secuestro, robo o estar a punto de ser asesinado por otro y la víctima le dijera al robot que lo salve; pero para eso el robot debería dañar al otro humano para salvarlo, entonces como analizaríamos esa situación, porque por la condición que establece la primera el robot no haría nada ese momento, simplemente se quedaría ahí para observando sin hacer nada.

En conclusión, con estas 2 primeras leyes se debería mejor establecer que al referirnos a un "ser un humano", nos estaríamos refiriendo entonces a un "ser humano inocente"; en otras palabras, el robot llegaría a esta misma situación que nosotros, sobre quien merecería realmente ser salvado ¿El inocente o el culpable?

-Tercera ley: "Un robot debe proteger su propia existencia, hasta donde esta protección no entre en conflicto con la Primera o la Segunda Ley". En la tercera ley nos dice que si un robot debe protegerse a sí mismo debe hacerlo sin lastimar a un ser humano; esta ley parece estar muy bien especificada; pero que pasaría si se presentara el caso de que un robot con una inteligencia artificial superior, único e invaluable estuviera a punto de ser destruido o si un robot estaría salvándole la vida a un ser humano de un secuestro y justo en ese momento sus captores aparecen para dispararle y el robot tuviera en su mano una pistola, entonces que aria en esa situación ¿Dejar que le disparen al inocente o coger la pistola y con ella amenazar a los captores? ¿Cuál sería entonces la opción más lógica en esa situación?

Como hemos podido apreciar de las 3 leyes, estas, aunque estén bien diseñadas, tienen su límite cuando son aplicadas a una I.A. avanzada, siendo inútiles para ella.

Una forma razonable para que la humanidad asegure su supervivencia en caso de que se presentara un peligro como este, es que nosotros combinemos lo biológico con lo mecánica, convertirnos en parte máquinas para no solo sobrevivir a este posible cataclismo; sino también para poder mejorar nuestras habilidades y corregir nuestros defectos, como las personas que están enfermas del corazón, las que sufren de pérdida de memoria, entre otras. Pero la idea no es original, gracias a la ciencia ficción pudimos dar un vistazo a esta posible realidad que poco a poco se está volviendo posible, en la actualidad los científicos siguen en su búsqueda de mejorar el cuerpo humano con la implantación de microcomputadoras en el cerebro humano y la colocación controladores eléctricos en el sistema nervioso, con el tiempo esto llevaría al ser humano a volverse más rápido, más fuerte y más inteligente.

Esto también llevaría a los humanos a desarrollar nuevos sentidos, en vez de limitarse a los 5 sentidos, pronto el ser humano llegaría a comunicarse por medio de la mente con máquinas y hasta controlarlas; usar solamente el pensamiento para controlar maquinas es el sueño de todo científico y con el avance de la tecnología no faltara mucho tiempo para llegar a ese punto. Otra forma seria de reemplazar los miembros dañados o perdidos por unos mecánicos, esto ayudaría a los inválidos, personas que han perdido la movilidad normal de sus cuerpos a causa de la pérdida de uno o más miembros, actualmente las prótesis mecánicas no son muy avanzadas debido a que estos son colocados en la base de la herida, estos estas equipados con sensores que captan el movimiento realizado por el cuerpo al querer mover el miembro, estos son llevados a una computara que transforma el movimiento en señales eléctricas que mueven una serie de motores, permitiéndole a la prótesis tener el mismo movimiento que el miembro real; pero con algunos límites. En un futuro se espera que los circuitos de la prótesis se conecten directamente con los nervios del humano para así tener una funcionalidad y un movimiento optimo; un humano que posea miembros mecánicos incorporados directamente a los nervios sería capaz de poseer una fuerza sobrehumana, ser más fuerte que cualquier otro humano, se diría que poseía una fuerza igual a una máquina. Otra aplicación de las maquinas en el beneficio humano seria la construcción de robots microscópicos llamados nanobots, que estarían programados para detectar células dañadas y repararlas, otra seria la detección de células malignas y eliminarlas. Con la implantación de máquinas en nuestros cuerpos seriamos capases de extender nuestro periodo de vida y ser inmunes a toda enfermedad; pero esto también tiene un lado malo, porque humanos que posean miembros mecánicos serian capases de cometer actos malignos a gran escala y de esta forma siendo indetenible por casi cualquier medio. El uso de nanobots no solo estaría en la medicina, sino también estos tendrían una aplicación militar, imaginen pelear contra enemigos que no pueden ver solo sentir, sentir como ingresan al organismo por cualquier medio y ver como los destruyen por dentro. Los nanobots también podrían usarse para ser implantados en el cerebro y permitir a cualquier persona o maquina el control del individuo. Esto sería tan beneficioso como dañino, porque como vencer a un enemigo invisible a simple vista, que este programado para apoderarse de la voluntad humana y controlarla a su antojo. Entonces una vez dicho esto deberíamos pensar y meditar con cuidado las siguientes preguntas:

¿Si las maquinas cooperaran de forma armoniosa con la humanidad esto sería algo bueno o temporalmente hermoso?

¿A medida que las maquinas sean más sofisticadas, estas llegarían a reemplazar a los humanos haciéndolos inútiles?

¿Si las maquinas comenzaran a considerar a los humanos como una amenaza ellas nos matarían o nos mantendrían vivos por algún tiempo hasta que ya no seamos útiles del todo?

Una vez que hayamos pensado con cuidado estas preguntas, ¿Con cuál respuesta estaríamos de acuerdo?

Si las maquinas comenzaran a salirse de control deberíamos hacer todo lo que podamos para evitarlo.

Si las maquinas se vuelven demasiado superiores que los humanos, hasta en su capacidad de razonamiento, que ya estén en un grado que sean indetenible la única opción lógica es modificar nuestros cuerpos a fin de estar al mismo nivel de una máquina, incorporando piezas de computo en nuestro cerebro u organismo; dando como resultado una nueva clase de humano, la unión perfecta entre humano y máquina, un Ciborg.

Espero que al leer esto tengan más conciencia el nivel en que progresan las máquinas de ahora y que puedan responder esta pregunta con seriedad ¿Si las maquinas comenzaran a pensar por sí mismas, estaríamos a tiempo para detenerlas?

Ordenadores emocionales
Hasta ahora los investigadores que trabajan en la creación de ordenadores inteligentes se han dedicado a la solución de problemas, el aprendizaje, el razonamiento, la percepción, el lenguaje y otras tareas cognitivas que se consideran fundamentales para la inteligencia. A algunos les causa risa la idea de dotar de emociones a los ordenadores, pero es

evidente que las emociones juegan un papel importante en las funciones esenciales de la inteligencia lo que ha hecho reconsiderar el tratamiento de las emociones para los ordenadores. Cuando digo ordenador no me refiero a una CPU, un teclado y un monitor también estoy incluyendo un software, robots y otros tantos artefactos que podemos llevar adheridos a nuestro cuerpo. Ahora bien, consideremos el desarrollo emocional en las personas. Los bebes se comunican mediante la expresión de emociones bien sea llorando, riendo y todo esto aparece antes que el lenguaje, es decir que las emociones se encuentran antes de que se desarrollen las formas más obvias de inteligencia; tanto así que si un niño no tiene la capacidad de expresar sus emociones mediante las cuales comunica sus necesidades por ejemplo llora cuando tiene hambre, frio, cuando está sucio etc. Si bien es cierto los ordenadores no tienen hambre ni frío ni se sienten mojados o aburridos, pero si tiene necesidades por ejemplo un computador tiene un rango de temperatura para funcionar y falla cuando se calienta, funcionan con energía sin ella no podrían funcionar, el disco duro se llena y hay que limpiarlo, los computadores también se enferman, les entran virus y al igual que los niños hay que vacunarlos.

Personas y los ordenadores

Los ordenadores que aún no son de carne y hueso perciben el mundo a través de cámaras, micrófonos, teclados, ratones y otros sensores.

Estos son sus ojos sus oídos, manos y piel, los sensores de un ordenador pueden ser construidos para que funcionen como las personas por ejemplo poniendo dos cámaras juntas para visión binocular, situando sensores de presión en la mano de un robot o rodeando los micrófonos por un pabellón modelo del oído humano, estos trabajos tienen el resultado añadido de ayudar a personas con impedimentos sensoriales.

Pero las maquinas no tiene por qué limitarse a sensores de tipo humano, ni las personas tampoco por ejemplo un ordenador podría tener visión infrarroja, una persona que llevara este ordenador también tendría visión infrarroja, mediante alguna herramienta que transforme la imagen infrarroja en bandas visibles que se presenten al ojo humano un ordenador podría tener audición aguda por encima de la audición humana mediante algún tipo de transformación podría convertir las señales de manera que una persona las pudiera interpretar.

El ordenador podría tener acceso a la reacción electrodérmica, a las feromonas a las ondas cerebrales, el electromiograma o la tensión sanguínea, no debe limitarse a ver la expresión facial y gesticular, a medir la temperatura de las manos y a oír el tono de voz, sino que podría utilizar todos los sensores que uno quiera.

De este modo el ordenador tiene mucha más información sensorial que cualquier persona habitualmente tiene por lo tanto es posible que los ordenadores reconozcan emociones y otros estados que las personas normalmente no reconocen.

El hombre bicentenario

Algunos investigadores creen en la posibilidad de la creación de un ordenador o robot que actué por iniciativa propia , un robot con inteligencia similar a la humana y con sentimientos como los nuestros, esta es una posibilidad remota pero no descartable , un ejemplo especial de ello es el del filme "The

Biccentennial Man" u Hombre Bicentenario donde Andrew el robot a lo largo de la película tiene grandes cambios físicos pero impulsado por sus emociones, finalmente se enamora y llega hasta convivir en pareja pero no con una robot sino con una mujer de carne y hueso; pero todo esto lo consigue a partir de haber logrado su libertad, pues si bien es cierto en dicha película los robots están sujetos a la leyes de la robótica que en este caso como estamos hablando de ordenadores serían las Tres Leyes de los Ordenadores:

1. Un ordenador no puede dañar a un ser humano ni, por inactividad permitir que un ser humano sea dañado

2. Un ordenador debe obedecer a los seres humanos, en el caso que esto signifique vulnerar la primera ley.

3. Un ordenador debe protegerse a sí mismo siempre que esto no entre en conflicto con la primera y segunda ley.

Pero a lo anterior podríamos acogernos a lo que menciona Leibniz, y es que, si el asunto es tener ordenadores libres, eso ya es una realidad pues a ellos no les afectan las pasiones no tienen la posibilidad de preocuparse o de estar angustiados por afectos o apegos a personas como ocurre con los seres humanos.

De momento estos filmes como Hombre Bicentenario, La guerra de las Galaxias, Las lágrimas de Hall en "2001 Una Odisea Espacial", últimamente Matrix, son el resultado de la imaginación de cineastas futuristas que plantean unos interrogantes que están siendo tomados en cuenta por aquellas personas que se interesan por hacer investigación en tecnología.

Una máquina con sentimientos que tenga la complejidad humana con la cual estamos dotadas es una posibilidad muy lejana, pero si alguna vez llega a existir, nos veríamos inmersos en el problema de que como la maquina tiene emociones, entonces ella decidiría si obedece o no nuestras instrucciones, entonces seria obsoleto contar con una de estas características.

Es posible que programemos un robot con un brazo o un pie articulado que exprese sentimientos por ejemplo que exprese su frustración ante errores repetitivos al realizar alguna orden, por ejemplo, que golpee las paredes, pero entonces esto sería un sentimiento autentico sino programado.

Para aquellas personas que hacen investigación tecnológica es de gran valor que aquellas personas que hacen ciencia-ficción tengan una visión dramática de los peligros de la tecnología, porque esto los hace pensar en lo que podría ocurrir más adelante y eviten así consecuencias catastróficas.

Es importante reflexionar en como los ordenadores emocionales y otros dispositivos al mismo tiempo que están brindando un beneficio humano así mismo más adelante podría tener implicaciones políticas, económicas y éticas.

Es obvio que existe gran similitud entre los ordenadores y la mente humana, es así como los ingenieros electrónicos tratan de trasladar ese funcionamiento mental a el ordenador, por otro lado, lo psicólogos se valen del ordenador tomándolo como modelo y así mismos plantear hipótesis psicológicas.

Es importante que tengamos en cuenta los sentimientos de las personas hacia los ordenadores pues existen muchas personas que no saben cómo funcionan y cada vez los encuentran más difíciles de entender, descifrar un manual que nos permita darle la orden adecuada para lo que necesitamos a veces es difícil, tanto así que algunas personas se sientan idiotas delante de un ordenador.

¿La pregunta es cómo afectan a la gente los ordenadores?

Si bien es cierto científicamente podría ser posible obtener un robot similar a una persona, pero aquí lo realmente importante es lo moral, lo filosófico como dice Llorec Valverde.

¿Alguien sabe qué es la consciencia?

¿Quién la define?

¿Quién definirá en el futuro los derechos de los seres vivos y los seres humanos?

Realidad virtual

La realidad virtual y la inteligencia artificial y su aplicación a las ciencias sociales.

La bibliometría y su aplicación

La problemática que se aborda en este apartado se relaciona con la posibilidad de evaluar, por medio de Indicadores Bibliométricos, la producción de los Científicos Sociales. ¿Son útiles estos Indicadores para tal propósito? ¿De qué manera los Comportamientos y las Prácticas propias de los Científicos Sociales en torno a las publicaciones y citas afectan la confiabilidad de los Indicadores de desempeño así obtenidos? ¿En relación con otras Ciencias como las Exactas y Naturales, qué tipo de Cambios Conceptuales o Metodológicos habría que introducir al formular Indicadores Bibliométricos de desempeño en Ciencias Sociales? Respecto a la primera pregunta, Lemoine, Ling y Martín Vessuri concuerdan, en principio, en la utilidad de los Indicadores Bibliométricos no sólo para evaluar el desempeño de los Científicos Sociales, sino también para identificar el estado y la dinámica de estas Ciencias en un país. Sin embargo, coinciden también en que estás es una práctica poco común respecto a las Ciencias Sociales, y que los mayores avances y aplicaciones se llevan a cabo en las Ciencias Exactas y Naturales, las Ciencias de la Vida y las Aplicadas. Según Vessuri está situación se debe a que las Políticas Públicas de Ciencia y Tecnología se refieren a un relativo desinterés por las Ciencias Sociales, en contraste con las otras Ciencias, más estrechamente vinculadas a las Políticas Económicas. Además, el efecto de este desinterés político, sé está reforzado por la resistencia de los propios Científicos Sociales a que se les evalué con este tipo de Indicadores.

Lemoine, Ling y Martín citan, sin embargo, varios estados en los que se señala que ya se ha acumulado alguna experiencia internacional, por lo menos en Europa, en la evaluación de las Ciencias Sociales a partir de Indicadores Bibliométricos. Estos autores citan una Investigación sobre el potencial de Estadísticas Cuantitativas para evaluar el desempeño de los Cientistas Sociales británicos y se concluye que, en efecto, el análisis bibliométrico aplicado a las Ciencias Sociales es útil, pues deja información significativa en varias dimensiones. Este tipo de análisis, sin embargo, tiene importantes limitaciones, ya sea con respecto a los Comportamientos particulares de las comunidades de Científicos Sociales o en relación con cada fuente o bases de datos utilizadas. En lo primero concuerdan los cuatro autores citados, quienes señalan que los Científicos Sociales exhiben Comportamientos de publicación y citación hasta cierto punto diferente de los usuales en otros campos. En efecto, aquellos parecen preferir los libros, las monografías y otras publicaciones antes que los artículos en revistas, y, además, sus hábitos de citación también son muy particulares. En otro caso las bases de datos que por lo general se utilizan en los análisis bibliométricos no parecen considerar adecuadamente estos patrones de comportamiento y, por tanto, los resultados deben tomarse con muchas reservas. Si la Ciencia Social Latinoamericana es el objetivo de análisis, las limitaciones de los Indicadores Bibliométricos son todavía mayores. Para empezar, las bases de datos no consideran las publicaciones preferidas por los Científicos Sociales (libros, monografías, etc.) ni las muestras representativas de las publicaciones periódicas donde los Científicos Sociales Latinoamericanos sacan a la luz la mayoría de sus artículos. En particular, se trata de revistas nacionales que recogen mejor el interés meramente interno de gran parte de las Investigaciones Sociales. En este sentido, como argumenta Vesuri (OP. CIT.), "El efecto internacional de esta producción científica se podría, en principio, capturar en análisis bibliométricos si se utiliza una base de datos como la de la Social Science Citation Index -SSCI- ". En cambio, si lo que se quiere es identificar el efecto nacional o local, este tipo de bases de datos no sirve, lo cual marca una enorme dificultad práctica, ya que en los países latinoamericanos se carece de otra opción. Sin duda, estas limitaciones tanto de las bases de datos como de los Indicadores y las Metodologías para evaluar la Producción Científica Social exigen una urgente acción investigativo en el tema, que a todas luces pasa por el diseño y la construcción de una Latín American Science Citation Index.

Indicadores de ciencia y tecnología
Bases de datos y redes de información. La reflexión en este apartado gira en torno a las oportunidades y desafíos que la Red Internet, y en general las Tecnologías Informáticas, están ofreciendo a la Investigación y la difusión de Indicadores de CT, de las que se proporciona información relativa a las Metodologías y Clasificación utilizadas en su construcción. El punto de partida de esta reflexión es sin duda el reconocimiento de la potencialidad que tienen Internet y las Redes de Información como canales de difusión, transmisión e intercambio de datos. Sin embargo, también debe señalarse que su empleo en asuntos de información e indicadores de CT presentan un desarrollo incipiente. Es necesario, por tanto, explorar las posibilidades que ofrecen estos instrumentos de comunicación y las formas de

concretarlas para hacer más eficientes el trabajo en torno a los Indicadores de Ciencia y Tecnología. En cuanto a Internet, la aplicación más obvia pero que de todas formas abre amplias posibilidades a este trabajo es la de facilitar la comunicación y la cooperación de quienes están vinculados a él. Por el momento, otras posibles ventajas de Internet como vehículo de acceso a bases de datos encaran varios problemas, desde la falta de seguridad en ciertas circunstancias, hasta problemas de normalización de las estructuras y formatos de las bases de datos. Bofia y Mari analizan las posibilidades y limitaciones de Internet en este sentido. El primero pone en duda la utilidad de Internet como vehículo para la transmisión de datos con nivel medio y bajo de agregación, por su aún frágil salvaguardia de la confidencialidad y dificultades para su control y regulación; sin embargo, señala su utilidad para divulgar estadísticas altamente agregadas. En este campo habrá que realizar un importante trabajo en el futuro. Pero la mayor dificultad para explotar plenamente las potencialidades de Internet quizá sea la falta de una normalización que permita el uso eficiente y el intercambio de la enorme cantidad de datos que ese medio posibilitara. En este sentido Bonfim describe los avances más recientes en el área del intercambio electrónico de datos aplicado a la estadística. No obstante, queda siempre el problema de la falta de coherencia de los datos a causa de las diferentes conceptualizaciones, definiciones, clasificaciones y metodologías de recolección que se aplican de un país a otro. Entre otras medidas para solucionar este asunto habría que adjuntar información conceptual a los datos estadísticos y a los indicadores para permitir su análisis comparativo sobre una base más fidedigna. Desde la perspectiva de Mar (OP. CIT.), una ventaja de Internet, además de la posibilidad de interconectar bases de datos, es que no exige estructuras y formatos comunes para empezar un útil intercambio de información. Gracias a ello es posible hincar experiencias que conduzcan a la paulatina armonización de las bases de datos. Una experiencia piloto relevante a este respecto se enmarcó en los programas de la Organización de Estados Americanos (OEA) para comenzar a integrar las bases de datos y otras informaciones relativas a CT en los países de la región. Según Mar, "Los mayores problemas surgidos de esa experiencia tienen que ver más con la disponibilidad de información por parte de los países y la falta de interés o continuidad de éstos en participar en la iniciativa, que con dificultades con la transmisión y el acceso a los datos". Por último, un aspecto interesante pero poco estudiado del tratamiento de las bases de datos es el que aborda con profundidad Polanco en su trabajo sobre Infometría e Ingeniería del Conocimiento. Se trata de Técnicas de Análisis que permiten extraer información útil de las grandes bases de datos. Desde el punto de vista del tomador de decisiones, la importancia de estas técnicas radica en que permiten interrogar a las bases de datos y generar conocimiento relevante para el análisis estratégico de la información científica y tecnológica (¿Quiénes trabajan sobre este tema, en dónde y en qué momento?). Este campo de estudios es complementario al tema de la transmisión de información estadística y de indicadores en CT, y los avances recientes sin duda permitirían utilizar de modo más eficiente la información científica y tecnológica acumulada en las bases de datos, así como generar nuevos indicadores que contribuyan al análisis estratégico y sirvan de apoyo en la toma de decisiones en materia de Ciencia y Tecnología.

Futuro de la IA

Inteligencia artificial: ¿Avance tecnológico o amenaza social?

Surgirá un cambio político y social, en el que la IA tiene todas las de ganar si se da cuenta que no necesita a los humanos para colonizar el universo. (Aepia). Se define la inteligencia artificial (IA) como aquella inteligencia exhibida por artefactos creados por humanos. A menudo se aplica hipotéticamente a los computadores.

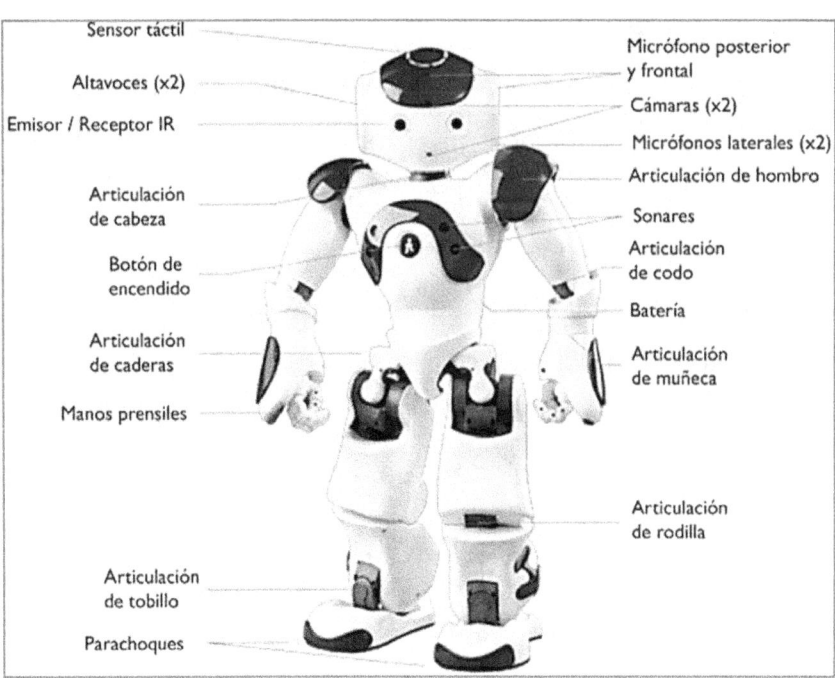

Es la capacidad de un artefacto de realizar los mismos tipos de funciones que caracterizan al pensamiento humano. Algunos piensan que es imposible la creación de un sistema tan complejo, pero otros luchan para modelar la inteligencia humana en sistemas computacionales, y al parecer está muy cerca de lograrse. Puede decirse que la inteligencia artificial es una de las áreas más fascinantes y con más retos de las ciencias de la computación. Nació formalmente en 1956 como mero estudio filosófico de la inteligencia humana, mezclada con la inquietud del hombre de imitar la naturaleza circundante (como volar y nadar), hasta inclusive querer imitarse a sí mismo. La tecnología ha planteado diversos paradigmas que llevan al agotamiento de teorías y experimentaciones prácticas, pero hay temas apasionantes que, a pesar de las derrotas, desarrollan un interés no solo en los científicos sino también en el resto de la sociedad. En este nivel se encuentra la inteligencia artificial definida como "La ciencia que enfoca su estudio a lograr la comprensión de entidades inteligentes. Es evidente que las computadoras que posean una inteligencia a nivel humano, o superior, tendrán repercusiones muy importantes en nuestra vida diaria" (Zaccagnini y Caballero. 1992:24). Es precisamente sobre este tema que se va a tratar, se hablará de la repercusión en la sociedad que tiene la creación de máquinas que puedan alcanzar nuestra capacidad humana e incluso nos reemplacen o dominen. Actualmente existen dos tendencias en cuanto al desarrollo de sistemas de IA: los sistemas expertos y las redes neuronales. Los sistemas expertos intentan reproducir el razonamiento humano de forma simbólica, por medio de fórmulas y logismos como el código binario. Las redes neuronales lo hacen desde una perspectiva más biológica (recrean la estructura de un cerebro humano mediante algoritmos genéticos). A pesar de la complejidad de ambos sistemas los resultados distan mucho de un auténtico pensamiento inteligente, pues solo llegan a ser reproducción de funciones específicas y no del razonamiento y el pensamiento complejo que caracteriza al hombre. La verdadera inteligencia artificial, se evidenciará cuando no seamos capaces de distinguir entre un ser humano y un programa de computadora en una conversación a ciegas. Muchos de los investigadores sobre IA, entre ellos Gary Reyes, sostienen que "la inteligencia

Artificial es un programa capaz de ser ejecutado independientemente de la máquina que lo ejecute, computador o cerebro" (Reyes. 2001). Se debe pensar que cuando las máquinas alcancen nuestra capacidad mental, tendrán características humanas tales como el aprendizaje, la adaptación, el razonamiento, la autocorrección, el mejoramiento implícito, y la percepción modelar del mundo. Así, se puede hablar ya no sólo de un objetivo, sino de muchos dependiendo del punto de vista o utilidad que pueda encontrarse a la denominada inteligencia artificial. Al llegar a un perfeccionamiento tal de las máquinas, donde formen un grupo de seres capaces de construir -y al tiempo destruir- una sociedad, se corre el riesgo que tomen el lugar del hombre, que lo reemplacen tan fácilmente en todos los ámbitos que desarrolla, que este cambio progresivo podría verse como un hecho cotidiano, e incluso, necesario. Por ejemplo, en el trabajo, si hay una máquina que puede resolver el más mínimo problema al interior de una empresa o fabrica, se prescindiría de la labor humana y solo se requeriría a aquel capaz de construir los robots, claro está, antes que estos se construyan a sí mismos. Se podrá estimar -según Turing- que estamos ante una máquina "inteligente" cuando procese un lenguaje natural, tenga conocimientos y pueda adquirirlos empíricamente y cuando razone automáticamente. Además, debe percibir el objeto que se encuentra frente suyo y poder moverlo o manipularlo. La pregunta que surge es ¿Qué tan lejos se está de lograr una maquina con estas características?, ya muchos inventos dan indicios de cumplir con estas funciones y hay estudios en proceso que avanzan de manera fugaz pero que pasan inadvertidos ante las personas que sin darse cuenta están cayendo en una sociedad manipulada y dirigida por la maquinaria y el desenfrenado interés por la evolución de esta. Teniendo en cuenta lo anteriormente planteado, se puede evidenciar que la era de los robots está más cerca de lo que muchos piensan y antes que avance más se debe pensar en las consecuencias. El desarrollo al que han llegado las máquinas y las consecuencias de este se encuentra plasmado en diversas películas actuales y otras no muy nuevas pero que han resultado de cierta manera proféticas, como Blade Runner que trata sobre un caza recompensas que debe exterminar a androides inteligentes que son peligrosos y están muy insatisfechos con sus creadores. Además, en la película Inteligencia artificial donde los robots reemplazan al ser humano e imitan o aprenden sus características y formas de actuar y sentir. En estas producciones se ve la lucha hombre Vs. Robots. Y el posible ataque de las maquinas a sus creadores, lo cual no sería muy extraño, pues a lo largo de la historia se ha visto cómo muchos de los inventos científicos del hombre se han vuelto en contra de este, sometiéndolo, dominándolo o incluso exterminándolo. Las películas mencionadas se pueden catalogar como de carácter profético porque se anticipan a las situaciones que se viven actualmente o que se vivirán, es como si los investigadores actuales tomaran como referencia de estudio estas películas para perfeccionar el arma más mortal para el ser humano. Pero ninguna película evidencia tanto las consecuencias que traería la convivencia humano-robot, como Yo, Robot de Alex Proyas, que muestra los roles que puede desempeñar un robot en la sociedad, puede ir de trabajos tan sencillos como entregar correspondencia o pasear un perro, hasta dirigir y proteger una empresa. Plantean que los robots tienen ciertas leyes instaladas en su sistema que incluyen no lastimar a los humanos, obedecer sus órdenes y proteger su propia existencia. Lo que se debe pensar entonces, es que, si ellos imitan a los humanos, también pueden ser capaces de romper leyes, o bien, imitar la voluntad propia. Si una máquina es creada a imagen y semejanza del hombre, cabe la posibilidad que deje de obedecer, es como un niño que crece y ya no le gusta que lo manden, puede llegar a ser autosuficiente. Pero lo anterior es únicamente una hipótesis que lleva consigo otras problemáticas ocultas y varias dudas que no se resolverán sino hasta el momento en que dicha hipótesis se haga realidad. Detrás de todo lo planteado en los párrafos anteriores, siempre está la idea que el robot facilita la vida, cuando en realidad lo que hace es inutilizar al ser humano. Depositan toda la confianza en artefactos mecánicos y ponen el destino de la humanidad en sus manos. En el momento en que la hipotética dominación y colonización de la maquina sobre el hombre se haga realidad, los prejuicios ya no van a valer, por eso es necesario prever sus consecuencias y evitar la ceguera de la comodidad que ha producido catástrofes tristemente evitables. Se podría prever que la sociedad estaría basada en la productividad, donde la maquina es el empleado y el hombre el sedentario que odia el trabajo, habría una supervivencia absurda; para imaginar esto, solo hay que ir a los países desarrollados industrialmente, el trabajo para el hombre se ha vuelto una ilusión, una falacia. Las maquinas ya empezaron a reemplazar la labor del hombre haciendo la vida más fácil para unos pocos, pero para la mayoría han sido una verdadera amenaza. El problema es que no se quiere aceptar que pueden hacer daño y cuando se tenga conciencias de esto, puede ser demasiado tarde, a lo mejor ya han reemplazado al humano hasta en lo más mínimo. Mientras se tome conciencia de la amenaza que puede constituir la implementación de estas máquinas "pensantes", se van a seguir buscando formas de perfeccionar la Inteligencia Artificial y ya se abren caminos hacia el mundo robotizado, con nuevas ideas teóricas y experimentales que en su clímax iluminen el camino para llegar a la verdadera inteligencia artificial. "Aunque parezca absurdo hay muchos eruditos en el campo de la IA que ven el futuro de ésta centrado sobre todo en los chatterbots". Parece ilógico, pero sólo hay que pararse a pensar unos segundos y darse cuenta de que lo que define a un cerebro inteligente es aquel que puede comunicarse, ¡hablar!, no importa el idioma, la cuestión es que, si es capaz de comunicarse, es capaz de pensar ya que pensamos y razonamos en nuestro idioma. La conciencia humana se va forjando poco a poco de manera simultánea con su idioma. Obviamente esto último es un proceso arduo y complejo, ya que se está hablando de crear un cerebro, una entidad inteligente y que sea capaz de aprender, evolucionar, pensar, razonar por sí mismo. Absurdo pero cercano, muy cercano, los estudios para lograr tal avance se desarrollan rápidamente y cada vez más científicos se interesan en lograrlo lo más pronto posible, porque sería un avance, un gran paso evolutivo. Cuando se logre la verdadera inteligencia artificial, será un gran avance tecnológico, un orgullo para sus creadores; pero a la vez será el principio del fin de la organización humana, pues, aunque los robots no son vida y sentimiento, pueden ser imitadores de estos, con la ventaja de no ser irracionales y no volverse locos, gracias a esto, serían más poderosos y podrían dominar. No se pude negar que la Inteligencia artificial traería grandes ventajas para el hombre y marcaría un hito en la historia; pero también se debe ser consciente de sus implicaciones negativas. Por ejemplo, el desempleo, el hombre quedaría reemplazado totalmente por las máquinas que producirían incluso más rápido y con menos complicaciones, pues no mezclarían la vida personal con la laboral como suele ocurrirle al hombre, serían excelente productores, y en un mundo eminentemente capitalista eso es suficiente para sobrevivir y obtener el poder. Además, se puede llegar a la veneración a estas máquinas y el sometimiento por parte del humano que al ver que una maquina hace todo por ellos, se quedan con una actitud mediocre que los llevaría a la adoración y dependencia de estos aparatos constituidos por elementos más simples y rudimentarios que el organismo humano, se vería aquella idea de adorar a entes inferiores únicamente porque por error se le ha otorgado el poder.

Por el momento, un hecho que puede tranquilizar es no saber cómo funciona el cerebro humano, esto hace que se vean algunas emulaciones de IA como basura, dicho de otra forma: "Es como si estuviésemos dando palos de ciego para ver cómo podremos crear algo que ni siquiera sabemos bien como es y empezamos a probar con algunas fichas de este enorme puzle de 100.000 millones piezas del cual creo, apenas tenemos 100... y no sabemos si encajan entre sí..." (Wilson. 2005). Sin embargo, hay que pensar que, aunque no se logre la imitación perfecta del pensamiento humano, el hecho de crear objetos que puedan reemplazarnos en las a veces banales situaciones de la vida diaria ya afecta la sociedad, el estilo de vida y la organización que tanto ha costado mantener. No hay que crear una maquina tan inteligente para que reemplace al humano en sus labores, sobre todo en una sociedad como la de hoy en día, basada en la técnica y la productividad, en la lógica y no en la racionalidad. Con el hecho de crear una máquina que sea semejante en nuestras capacidades físicas, o incluso mejores, capaces de perfeccionarse según las necesidades, se corre el riesgo del desplazamiento y el reemplazo del que se ha venido hablando. En los párrafos siguientes, además de intentar concluir este tema tan complejo, se narra una de las ideas de lo que puede ocurrir en un futuro, quizá con un tono un tanto novelístico pero si se analiza correctamente, no llegan a ser en ningún momento ideas descabelladas: Una vez que la inteligencia artificial tenga una inteligencia igual o superior a la del hombre, obligatoriamente "surgirá un cambio político y social, en el que la IA tiene todas las de ganar si se da cuenta que no necesita a los humanos para colonizar el universo" (AEPIA.1997). Suena a ciencia ficción, pero actualmente orbitando están los satélites de comunicaciones. En el futuro, la inteligencia artificial auto replicante podría fácilmente hacerse con todas las colonias humanas fuera de la tierra, y la raza humana nunca podrá luchar en el espacio vació en igualdad de condiciones. De esta manera, el enfrentamiento es inevitable y las posibilidades de perder son cada vez mayores. "Algún día la humanidad debe enfrentar y destruir la creciente amenaza robótica" (Wilson.2005). Estos entes electrónicos, no controlarían ni serían conscientes de su fuerza, serían esclavos de la lógica, llevados a una revolución casi sin fundamento que acabaría con el hombre y los cimientos de una sociedad desarrollada a lo largo de millones de años.

Antes que ellos o estos tomen el poder no sólo en el trabajo sino en la cotidianeidad, se debe actuar con inteligencia, pensar en las consecuencias y no dejarse deslumbrar por estas creaciones humanas. Se debe pensar la Robótica como la mayor expresión de la tecnología, pero también como una mayor perfección del mal puro y absoluto. Aún queda algo de tiempo, mientras se termina de comprender el pensamiento humano, tanto desde lo simple como desde el ámbito complejo, y se plasma en una máquina. Pero no falta mucho, estudios aquí y allá darán en el momento menos pensado con el punto y empezará la revolución. Solo falta esperar que como usualmente ocurre, el hombre sea víctima de su propio invento. Pero aun sin haber desarrollado completamente la inteligencia artificial, ya se ven las graves consecuencias sociales que trae consigo. La tecnología y la reflexión parecen ser muy divergentes, pero en este momento, es necesario plantearse qué implicaciones traerían los nuevos inventos en la sociedad y la vida cotidiana. A lo mejor, lo importante es salvarnos de nosotros mismos, si en realidad hay de qué preocuparse, es de los alcances del hombre y el uso que le dé a la tecnología. Si se guían por la lógica y no por la razón o en su defecto por los prejuicios, los humanos pueden llegar a ser mucho más peligrosos.

La Inteligencia artificial es la capacidad de una máquina de pensar y actuar como el hombre, pero para lograr esto primero se debe conocer totalmente el funcionamiento del pensamiento humano. En el ámbito tecnológico la Inteligencia Artificial es una de las áreas que causa mayor expectación, incluso dentro de la sociedad en general, debido a que la búsqueda para comprender los mecanismos de la inteligencia ha sido la piedra filosofal del trabajo de muchos científicos por muchos años y lo sigue siendo. Sin embargo, este avance tecnológico puede traer graves consecuencias como el desempleo, la veneración y el sometimiento por parte del humano. No se puede negar que la Inteligencia artificial traería grandes ventajas para el hombre; pero también se debe ser consciente de sus implicaciones negativas.

La polémica desarrollada en el ensayo resulta importante en la reflexión acerca del mundo tecnológico globalizado de hoy y deja además de los supuestos anteriores, una idea clara y un poco fatalista pero real: No hay que crear una maquina tan inteligente para que reemplace al humano en sus labores, sobre todo en una sociedad como la de hoy en día, basada en la técnica y la productividad, en la lógica y no en la racionalidad. Pero aun sin haber desarrollado completamente la inteligencia artificial, ya se ven las graves consecuencias sociales que trae consigo y es probable que al finalizar el análisis y la reflexión acerca de este tema, se evidencie que lo importante es salvarnos de nosotros mismos, pues sin el uso de la razón, los humanos pueden llegar a ser mucho más peligrosos.

En el próximo medio siglo habrá 32 veces más progreso tecnológico que en todo el siglo XX, y uno de los resultados será que la inteligencia artificial se pondrá a la par con el intelecto humano en la década de 2020. Las máquinas alcanzarán con rapidez las capacidades intelectivas de los humanos y pronto serán capaces de resolver algunos de los problemas más peliagudos del siglo XXI.

Se pronostica un futuro en el que la inteligencia de las máquinas sobrepasará con mucho la del cerebro humano, a medida que aprendan a comunicarse, enseñar y emularse entre sí.

Una idea esencial que se usó para idear este planteo es que la tecnología basada en el silicio sigue la "ley de rendimientos acelerados". Por ejemplo, el chip de computadora ha duplicado su poder cada dos años en el medio siglo pasado, lo cual ha conducido a una progresión y miniaturización cada vez más acelerada en todas las tecnologías basadas en él.

Hasta ahora las computadoras se han basado en chips bidimensionales hechos de silicio, pero ya hay grandes avances en producir chips tridimensionales que tendrán mucho mejor desempeño, e inclusive en construirlos a partir de moléculas biológicas que pueden miniaturizarse aún más que los chips de base metálica.

La computación molecular tridimensional proporcionará el hardware para una 'fuerte inteligencia artificial de nivel humano' hacia la década de 2020. La profundización del software será resultado en parte de la ingeniería inversa del cerebro humano, proceso ya muy avanzado. Ya se han modelado y simulado dos docenas de regiones del cerebro.

La ciencia de la IA tiene su formalización en 1958, en la conferencia de Dartmouth. Ha habido décadas de un avance decidido hacia la implementación de inteligencia práctica en las máquinas.

Los campos de reconocimiento de voz, lenguaje natural, reconocimiento de caracteres, etc., han sido campos en los que se especializo la IA y de su mano se vio un gran avance. Las fases de desarrollo de la IA se han ido dando al paso de la evolución de las computadoras. Desde finales de los 80, la comunidad de la IA se ha planteado retos de mayor envergadura: razonamiento de sentido común, traducción e interpretación del lenguaje natural, visión por computador automatización y control de procesos complejos, etc. Desde entonces, distintas ramas de la IA han ido alternando en popularidad la aproximación conexionista representada por las redes neuronales; la computación biológica con algoritmos evolutivos como técnicas de búsqueda; la lógica borrosa, etc.

El crecimiento de Internet y de la computación distribuida ha abierto nuevos e inconmensurables campos de aplicación de la IA. Como se ha podido observar una de las críticas más grande de la inteligencia artificial es la característica de imitar por completo a un ser humano, pero estas críticas pasan por alto que ningún ser humano tiene la capacidad de resolver todos los problemas existentes. Por lo tanto, es muy importante detonar que tipos de problemas que podrán resolver, la estrategia y algoritmos que realizara para llegar a dicha respuesta. Un problema que se presta en la I.A es la comunicación que esta tendrá con el usuario. Este contratiempo se debe a la diversidad del lenguaje, la cual apareció ya en los primeros sistemas operativos informáticos. El ser humano se puede comunicar mediante su lengua nativa, lo que implica que bien la persona deberá aprender el idioma de la máquina como cualquier otra lengua conocida, o la máquina tendrá que interpretar el mensaje que la persona se la dé. En muchas ocasiones las maquinas dan la impresión de poseer inteligencia, pero a pesar de esto no podríamos decir que son inteligentes ya que hasta ahora solo son emulaciones de ciertos procesos. Con el crecimiento de la tecnología la IA ha avanzado enormemente, pero sin embargo no se asemeja a la inteligencia de un ser humano, pero existen muchas maquinas que realizan diferentes procesos que la pueden hacer con mayor eficiencia que cualquier ser humano. En el año 2001 se realizó la primera operación transoceánica de la historia. Por medio de la telemedicina y usando dos sistemas de cirugía telerrobótica un equipo médico en New York extirpó con éxito la vesícula biliar a una paciente de 68 años ingresada en un hospital de Estrasburgo, Francia. Esto vaticina un futuro fascinante para las operaciones a distancia y posibilitará la cirugía de tripulantes de naves espaciales, trabajadores de plataformas petrolíferas en alta mar, o soldados heridos en el campo de batalla, eliminándose las restricciones geográficas, los costosos traslados de pacientes a centros de alta especialización o la escasez de científicos muy especializados. Esta novedosa técnica llamada heart pot permite que el tiempo quirúrgico pueda ser televisado y seguido en tiempo real por otros expertos en el mismo salón o a miles de kilómetros de distancia. El sueño de crear un cerebro artificial similar al humano está todavía muy lejos de hacerse realidad. Sin embargo, la Inteligencia Artificial ha servido para elaborar sistemas y dispositivos en cierto modo "inteligentes": agendas electrónicas, sistemas de reconocimiento facial, programas antifraude, aviones de combate sin piloto, etc. Su aplicación en medicina ha conseguido también importantes logros; en Suecia se ha desarrollado una técnica que aplica IA a unos chips que empiezan a usarse para análisis genético de muestra, los denominados "biochips", cuya labor se centra en distinguir distintos tipos de cáncer.

Glosario de términos

- Agente/Bot inteligente: Es software que se relaciona con otro software para realizar una tarea, pero comportándose de forma inteligente según lo que se le ha enseñado o ha aprendido. Pueden ir desde tareas sencillas como pujar en una subasta (apenas requiere inteligencia) a contestar en un chat de atención al cliente usando lenguaje natural (chatbots).

-Algoritmo: El núcleo de donde parte la inteligencia artificial. Son las fórmulas matemáticas y/o comandos de programación que indican a una computadora cómo resolver problemas. Son las reglas para enseñar a las computadoras cómo resolver situaciones o problemas. Un algoritmo es una fórmula que representa la relación entre dos variables. Los profesionales de marketing en redes sociales están familiarizados con ellos, ya que Facebook, Twitter e Instagram utilizan algoritmos para determinar qué nuevos posts vas a ver en tu muro. Los especialistas en SEO se centran en algoritmos de búsqueda para lograr que su contenido se encuentre en la primera página de resultados. Incluso la página de inicio de

Netflix usa algoritmos para recomendarte nuevas series basadas en tu comportamiento anterior. Cuando se habla de inteligencia artificial, los algoritmos son lo que usan los programas de aprendizaje para hacer predicciones a partir de los datos que analizan. Por ejemplo, si un programa de aprendizaje analizara el comportamiento de un puñado de posts en Facebook, podría crear un algoritmo que determinase qué títulos de blog consiguen más clics para futuros posts.

-Algoritmos de inducción: Algoritmos que aprenden de un ejemplo y tratan de encontrar patrones en los datos para crear reglas que explican lo que está sucediendo.

A diferencia del proceso de deducción, que implica una colección preestablecida de reglas, estos algoritmos crean reglas para explicar las cosas que están sucediendo sobre la marcha.

-Algoritmos genéticos: Máquinas algorítmicas de optimización de aprendizaje que trabajan imitando el proceso evolutivo utilizando la selección natural, la recombinación y la mutación. Son particularmente eficaces para optimizar problemas con un gran número de soluciones posibles.

-Análisis semántico: El análisis semántico es, ante todo, un término lingüístico que trata del encadenamiento de frases, oraciones y párrafos de forma coherente. Pero también se refiere a la construcción del lenguaje, en el contexto cultural. Por lo tanto, si una máquina que tiene capacidades de procesamiento de lenguaje natural también puede utilizar el análisis semántico, implica que puede comprender el lenguaje humano y recoger las pistas conceptuales necesarias para entender frases hechas, metáforas y otras figuras literarias. Como las aplicaciones de marketing basadas en inteligencia artificial avanzan en áreas como la automatización de contenido, puedes imaginar la gran utilidad del análisis semántico para crear publicaciones de posts y e-books que no son distinguibles de los creados por un profesional de marketing de contenidos.

-Aprendizaje automático: Se define como la capacidad de las computadoras de aprender y actuar como los humanos. Esto incluye el desarrollo de su aprendizaje en forma autónoma a lo largo del tiempo, proporcionándoles datos como interacciones del mundo real y otro tipo de observaciones. De todas las disciplinas de inteligencia artificial, algunos de los avances más emocionantes se han realizado en el aprendizaje automático. En resumen, el aprendizaje automático es la habilidad de un programa para absorber grandes cantidades de datos y crear algoritmos predictivos. Si alguna vez has oído que la inteligencia artificial permite a las máquinas aprender en el tiempo, probablemente hablaban de aprendizaje automático. Los programas con aprendizaje automático descubren patrones en conjuntos de datos que les ayudan a alcanzar su objetivo. Como analizan más datos, ajustan su comportamiento para alcanzar su meta de forma más eficiente.

Estos datos pueden ser cualquier cosa: un software de marketing lleno de ratios de apertura de emails, o una base de datos de la media de goles en cada partido de fútbol. Como el aprendizaje automático permite a las máquinas aprender sin ser programados explícitamente (como la mayoría de bots), se dice que aprenden como lo hace un niño pequeño: experimentando.

-Aprendizaje profundo: Es el resultado del trabajo de una red neuronal. A medida que las capas procesan los datos, más allá de entender qué es algo, la IA comienza a aprender el por qué. Hay diferentes ejemplos de aprendizaje profundo: La visión artificial es una aplicación de aprendizaje profundo que puede "entender" imágenes digitales. En el extremo más alejado del espectro de inteligencia artificial, el aprendizaje profundo es una parte altamente avanzada del aprendizaje automático. Es poco probable que necesites saber el proceso interno del aprendizaje profundo, pero necesitas saber esto: el aprendizaje profundo puede encontrar patrones muy complejos en conjuntos de datos usando múltiples capas de correlaciones. En términos más sencillos, lo realiza mimetizando la forma en la que las neuronas de nuestro cerebro están acopladas. Por ello los científicos se refieren a este tipo de aprendizaje automático como red neuronal.

-Aprendizaje reforzado: Implica dar a la IA un objetivo que no está definido con una métrica específica, sino que se requiere encontrar una solución o mejorar la eficiencia. En lugar de encontrar una respuesta específica, la IA ejecutará varias hipótesis e informará los resultados para evaluar y ajustar las siguientes suposiciones.

-Aprendizaje supervisado: En el modelo de IA se proporciona la respuesta correcta con anticipación: la IA conoce tanto la pregunta como la respuesta. Este método de preparación es el más común, porque define los modelos de pregunta y respuesta ofreciendo la mayor cantidad de datos. El aprendizaje supervisado es un tipo de aprendizaje automatizado en el cual los humanos introducen un conjunto de datos específicos y supervisan gran parte del proceso. En el aprendizaje supervisado los datos de la muestra son etiquetados y el programa de aprendizaje automático da un resultado claro para poder trabajar con él.

-Aprendizaje sin supervisión: Los modelos de IA pueden aprender por sí mismos, sin tener que alimentarles estructuras predefinidas. Utilizan capas y capas de información no estructurada, procesan los datos, establecen las relaciones existentes entre ellos y encuentran un patrón en los mismos. El aprendizaje sin supervisión es otro tipo de aprendizaje automático que requiere nada o muy poca participación humana. El programa de aprendizaje automático se deja para que encuentre patrones y extraiga conclusiones por sí mismo.

-Aprendizaje hombre-máquina: Conceptualmente similar a la inteligencia aumentada, este término se utiliza a menudo para describir la IA que combina la orientación humana con el análisis de la máquina de grandes volúmenes de datos. El término se desarrolló en parte para tranquilizar a las audiencias que el esfuerzo humano todavía es necesario para proporcionar refuerzo y retroalimentación a la máquina, que luego perfecciona su algoritmo para lograr los resultados deseados.

-Artificial: Hecho por el hombre. Carente de naturalidad.

-Asistente digital virtual: Una versión más sofisticada de un robot de conversación, también conocido como un agente inteligente, asistente personal virtual, asistente virtual inteligente, asistente automatizado o agente virtual. Dichos asistentes pueden organizar, almacenar y dar información basada en la ubicación del usuario y pueden contestar después de escuchar o recibir texto de los usuarios con información de una multitud de fuentes en línea (por ejemplo, pronósticos meteorológicos, mapas, precios de las acciones o horarios de transporte).

-Autonomía: Los dispositivos con IA aplican el término "autónomo" cuando no necesitan ayuda de las personas; esa autonomía se clasifica en diferentes niveles. Los coches autónomos, por ejemplo, alcanzan un nivel 4 de autonomía cuando no necesitan una persona para funcionar a plena capacidad y por tanto no tienen volante ni pedales.

-Bots: Los bots (también conocidos como chatbots o chatterbots (algo así como robots parlantes) son programas basados en texto con los que los humanos se comunican para automatizar acciones específicas o buscar información. Generalmente "viven" dentro de otra aplicación de mensajes como Facebook Messenger, Slack, Whatsapp o Line. Los bots tiene a menudo un uso limitado porque están programados para tirar de una fuente de datos específicos, como el que te avisa del tiempo atmosférico o el que te permite registrarte para votar. En algunos casos, son capaces de integrarse con programas que ya posees para aumentar la productividad. Por ejemplo, GrowthBot es un bot para profesionales de marketing y ventas que se conecta con Google Analytics, Hubspot y otros programas, para enviar información sobre el post más visitado de una compañía, o las palabras clave CPC (Coste Por Clic) que un competidor está comprando. Algunos argumentan que los chatbots no son inteligencia artificial porque dependen en gran medida de las respuestas o acciones preestablecidas y no pueden pensar por sí mismos. No obstante, otros ven la capacidad de comprender el lenguaje humano como una aplicación básica de la inteligencia artificial.

-Caja negra: La IA, mediante las reglas que aplica, realiza matemática compleja que genera información útil para tomar sus decisiones.
Aunque ni siquiera podemos entender a veces el proceso por el que llega a esos datos, sí conocemos las reglas por las cuales llega a ese resultado. Este

proceso se conoce como un aprendizaje de caja negra (black box).

-CBR (Cased-Based Reasoning): Sistema de programación en el cual los conocimientos están almacenados en forma de experiencia o casos.

Ciencia de la computación: Las ciencias de la computación son aquellas que abarcan el estudio de las bases teóricas de la información y la computación y su aplicación en sistemas computacionales.

-Ciencia cognitiva: Detrás de la inteligencia artificial se encuentra la ciencia cognitiva. La ciencia cognitiva es el estudio interdisciplinario de la mente y sus procesos, extraídos de los fundamentos de la filosofía, la psicología, la lingüística, la antropología y la neurociencia. La inteligencia artificial es sólo una aplicación de la ciencia cognitiva que analiza cómo los procesos de la mente pueden ser recreados por máquinas.

-Clústeres: Se refieren a la forma en que los algoritmos clasifican los datos para trabajar con ellos.

Unas fotos de animales se pueden clasificar en «flores», «gatos» y «bicicletas»; los clústeres son similares y todos ellos buscan encontrar patrones que sean útiles para realizar las tareas objetivo que se plantean (por ejemplo, detectar rostros de personas).

-Computación cognitiva: Este es un término general que IBM populariza para describir el proceso mediante el cual las máquinas pueden extraer datos, reconocer patrones y procesar el lenguaje natural para interactuar y emular la inteligencia humana. En su forma más básica, el término se refiere a computadoras que pueden simular procesos de pensamiento humano. IBM y otras organizaciones usan a menudo este término en lugar del término más amplio "inteligencia artificial".

-Conferencia de Dartmouth: Conferencia que se considera germen de la Inteligencia Artificial como campo, llevada a cabo en la universidad de Dartmouth, ubicada en Hanover (EE. UU.).

-Data Mining: El data mining es el proceso por el que las máquinas descubren patrones en grandes conjuntos de datos. Por ejemplo, una compañía e-commerce como Amazon podría utilizar el data mining para analizar los datos de consumidores y dar recomendaciones de productos a través del apartado "Los consumidores que compraron este producto también compraron...".

-Datos de entrenamiento: En el aprendizaje automático, los datos de entrenamiento son los datos inicialmente dados al programa para "aprender" e identificar patrones. Posteriormente se le introducen más datos de prueba para comprobar la precisión de los patrones.

-Instancia: Memorial, solicitud. Por la primera vez. El primer ímpetu.

-Inteligencia: Facultad intelectiva. Capacidad de conocimiento. Comprensión, acto de entendimiento. Sentido en que se puede interpretar una expresión o sentencia.

-Inteligencia artificial: En el sentido más general del término, la inteligencia artificial se refiere a un área de la informática que permite que las máquinas lleven a cabo tareas que, si las hiciera un humano, requerirían de inteligencia. Esto incluye tareas como aprender, observar, hablar, socializar, razonar o resolver problemas. Sin embargo, no es tan sencillo como copiar cómo funciona el cerebro de un humano, neurona a neurona. Consiste en realizar ordenadores flexibles que puedan realizar acciones creativas que maximicen las posibilidades de éxito para un objetivo específico.

-Inteligencia artificial explicable: Es un tipo de IA que es capaz de explicar cómo ha llegado a una solución determinada, lo cual suele ser útil para entender cómo se comporta y de qué datos depende. En el futuro serán cada vez más importantes, por ejemplo, en entornos científicos, de seguridad, por cuestiones legales, etcétera.

-Inteligencia aumentada: También conocida como aumento cognitivo o amplificación de inteligencia.
Se refiere a la tecnología diseñada para utilizar las fuerzas combinadas de la inteligencia humana y de la máquina.

Algunos de los grandes jugadores en el campo de IA prefieren este término para describir sus ofrendas para minimizar las percepciones de que las máquinas acabarán por hacerse cargo del trabajo humano.

-Lingüística computacional: Un campo interdisciplinario que se ocupa del modelado estadístico y basado en reglas de datos de lenguaje natural por computadoras.

Incluye el reconocimiento del idioma hablado, el proceso mediante el cual las máquinas pueden identificar y reconocer palabras y frases habladas y traducirlas o convertirlas en texto legible por máquina.

-Máquinas traductoras: Una forma de traducción automatizada mediante la cual se utiliza software de computadora para traducir texto o audio de un idioma a otro (por ejemplo, del ruso al inglés).

Además de sustituir simplemente una palabra por otra, puede incorporar técnicas estadísticas que aumenten la probabilidad de identificar correctamente frases, expresiones idiomáticas, nombres propios y otras anomalías.

-Modelo: Ejemplar, forma, que se propone quien ejecuta una obra, artística o de otra índole. Lo que se debe imitar por su perfección, en lo intelectual o moral.

-Multimedia: Es la presentación de la información en una computadora usando audio, vídeo, textos, animación y gráficos.

-PDP-10: Computador fabricado por Digital Equipment Corporation (DEC) desde finales de los 60. Cobro gran importancia en usos de inteligencia artificial dada su adopción por numerosos expertos de la época para su desarrollo con lenguaje LISP.

-Procesamiento natural del lenguaje: Solamente una red neuronal avanzada es capaz de analizar y comprender la estructura del lenguaje humano; esta interpretación y su procesamiento resulta indispensable para servicios de traducción, chatbots o asistentes de IA como Alexa o Siri. El procesamiento de lenguajes naturales (NLP, por sus siglas en inglés) puede hacer a los bots más sofisticados al permitirles comprender comando de texto o voz. Por ejemplo, cuando hablas con Siri. Siri traduce tu voz a texto, conduce la consulta a través de un motor de búsqueda y responde por voz mediante sintaxis humana. En un nivel básico, la revisión ortográfica de Word o los servicios de traducción de Google son ejemplos de NLP. Las aplicaciones más avanzadas de NLP pueden aprender a captar el humor o la emoción.

-Programación declarativa: Paradigma de la programación basado en el desarrollo de programas declarando un conjunto de condiciones que describen el problema y detallan su solución.

-Redes neuronales: Con un diseño similar al sistema nervioso y al cerebro humanos, una red neuronal organiza las etapas de aprendizaje para dar a la IA la capacidad de resolver problemas complejos dividiéndolos en niveles de datos. Las redes neuronales aplican la táctica de la división en conjuntos de datos más pequeños para ir superando cada capa de su aprendizaje. Son los Algoritmos de aprendizaje y los de modelos computacionales diseñados para funcionar como neuronas en el cerebro. Las redes neuronales son entrenadas con conjuntos específicos de datos, que utilizan para encontrar una respuesta en una consulta. La suposición de la red se compara con la respuesta correcta en una base de datos. En caso de ocurrir errores, las "neuronas" son ajustadas y el proceso se repite hasta que los niveles de error disminuyen. Este enfoque algorítmico, llamado retropropagación, es similar a la regresión estadística.

-Redes neuronales artificiales: Son un modelo de programación que imita en cierto modo a las neuronas biológicas, a partir de unidades iguales y muy simples que están conectadas en red.
Cada neurona influye sobre otras y si se les aplica una forma adecuada de aprendizaje -ajustando su comportamiento para resolver un problema- se pueden lograr cosas interesantes, como por ejemplo hacer que un robot camine o un software reconozca la voz humana.

-Representación del conocimiento: Una rama de la IA que implica la representación de diferentes tipos de información de manera que los sistemas informáticos puedan utilizar para realizar tareas complejas o resolver problemas.

-Robótica: La Robótica es aquella rama dentro de la Ingeniería que se ocupa de la aplicación de la informática al diseño y al uso de máquinas con el objetivo que de lo que de esto resulte pueda de alguna manera sustituir a las personas en la realización de determinadas funciones o tareas. La robótica es la ciencia y la tecnología de los robots, porque básicamente se ocupa del diseño, manufactura y aplicaciones de los robots que crea. En la Robótica se combinan varias disciplinas al mismo tiempo, como ser la mecánica, la electrónica, la inteligencia artificial, la informática y la ingeniería de control, en tanto, también, por el quehacer que desempeña, resulta fundamental el aporte que recibe y extrae de campos tales como el álgebra, los autómatas programables y las máquinas de estados.
Principales usos; médico, militar, industrial, comercial Estas máquinas son hoy muy utilizadas a instancias de los ámbitos comerciales e industriales para efectuar tareas exactas y por supuesto porque implican una mano de obra más barata que el ser

humano. Incluso se los usa para realizar aquellos trabajos más desagradables que los seres humanos rehúsan hacer porque son pesados, peligrosos o insoportables. En las plantas industriales es común ver desplazarse a un robot y realizando tareas como las de montaje, embalaje y traslados, entre otras.

-Robótica educativa: La robótica educativa se define como un entorno de aprendizaje multidisciplinario y significativo. Es una herramienta mediante la cual niños y jóvenes aprenden desde construcciones simples a edades tempranas hasta construcciones y máquinas más complejas a edades más avanzadas. Las máquinas complejas son monitorizadas y automatizadas a través de un ordenador utilizando un software de control. La robótica genera entornos propicios para la colaboración, y el trabajo Staffing en equipo donde los niños y jóvenes tienen la oportunidad de practicar las habilidades del S.XXI, denominadas las 4C:

*Conecta: Se plantea a los alumnos un reto con un final abierto que cheap jerseys les coloca en una posición de investigadores. Realizan un trabajo colaborativo y en equipo. En esta fase de "conexión", el profesor hace que los alumnos conecten con el reto a través del planteamiento de preguntas e ideas de exploración que los motive.

*Construye: Cada actividad implica un proceso de construcción. Cuando los alumnos construyen con sus manos, construyen al mismo tiempo conocimiento en sus mentes, la creatividad se pone en marcha. El desarrollo de artefactos que mejoran los anteriores crea un ciclo de autorrefuerzo del aprendizaje. Al construir con otros alumnos, el conocimiento se comparte y se enriquece y los alumnos aprenden que las soluciones colaborativas son generalmente mejores que las individuales.

*Contempla: En esta fase los alumnos exponen sus soluciones a los demás, trabajan la comunicación verbal de manera que se puede discutir sobre ellas, de una forma constructiva. A través de preguntas se consigue que los alumnos busquen soluciones a los retos todavía mejores, más creativas.

*Continúa: Cada reto acaba con un nuevo reto que se fundamenta en lo que se ha aprendido con el anterior. La robótica educativa permite a los alumnos explorar su talento de forma natural. Involucrar a los alumnos en una participación mediante la experiencia estimula el cerebro y mejorar la calidad del aprendizaje.

-Robot de conversación: Un programa de computadora que usa un conjunto de reglas para conducir una conversación basada en el habla o el texto con un humano a través de una interfaz de chat en línea. Los robots de conversación son alimentados por la IA y usan el aprendizaje de la máquina para detectar e imitar la conversación humana. Se desarrollan comúnmente para proporcionar contenido específico o servicio automatizado o utilidad a los usuarios.

-Sistemas basados en reglas: Aplicación basada en la representación de los conocimientos que ofrece la habilidad de analizar este conocimiento usando reglas de la forma IF-THEN.

-Sistemas basados en procedimientos: Son técnicas de programación orientadas a objetos que permiten el enlace de las características de los objetos en forma de código. Cuando un mensaje es recibido por el código, sus características son ejecutadas.

-Sistemas expertos: También conocidos como sistemas de representación del conocimiento o sistemas de apoyo a la decisión.

Los sistemas expertos son una forma antigua de tecnología de IA que originalmente fue diseñada para resolver problemas complejos tomando decisiones basadas en una base de conocimiento y reglas para aplicar ese conocimiento.

Debido a sus enfoques más sofisticados, basados en datos y estadísticos, los nuevos modelos de aprendizaje automático pueden tomar decisiones más efectivas que los sistemas expertos.

-Técnica: Conjunto de procedimientos de una ciencia o arte. Habilidad para usar procedimientos y recursos.

-Test de Turing: Muchos de los expertos en IA tienen reservas sobre el desarrollo de la inteligencia artificial. Alan Turing, el padre de la computación moderna, también las tenía, y desarrolló una prueba para evaluar si las máquinas podían comportarse de una manera similar al ser humano. En la prueba un humano evalúa las conversaciones entre humano y máquina, y trata de distinguir cuál es cuál. En 2014, un chatbot logró superar el test.

-Transferencia de aprendizaje: Este término se refiere a cómo la IA puede almacenar el conocimiento adquirido al resolver un problema y utilizarlo luego para solucionar otra situación, distinta pero relacionada con el primer caso. Por ejemplo, si un modelo de IA aprende a reconocer automóviles, ese conocimiento le facilitará posteriormente el reconocimiento de otro tipo de vehículos, como pueden ser los camiones.

-Visión artificial: La visión artificial es una aplicación del aprendizaje profundo que puede "entender" imágenes digitales. Por supuesto, para los seres humanos comprender imágenes es una de nuestras funciones más básicas. Si ves una pelota volando hacia ti, la coges. Pero para un ordenador ver una imagen y describirla es algo que combina el trabajo de la vista y el cerebro humano, y es bastante complicado. Por ejemplo, imagina cómo tendría que interpretar las luces de freno, los peatones y otros obstáculos del camino un coche que condujese por sí mismo. Sin embargo, no necesitas poseer un Tesla para experimentar la visión artificial.

Puedes poner a prueba la herramienta Google Quick Draw para ver si reconoce tus garabatos. Como la visión artificial usa el aprendizaje automático, que mejora con el tiempo, puedes enseñar al programa simplemente jugando.

-Visión de máquina: La rama de la IA que trata de cómo las computadoras emulan el sistema visual humano y su capacidad de ver e interpretar imágenes digitales del mundo real.

También incorpora procesamiento de imágenes, reconocimiento de patrones y comprensión de imágenes (convirtiendo imágenes en descripciones que pueden usarse en otras aplicaciones).

Artificial Intelligence Elements

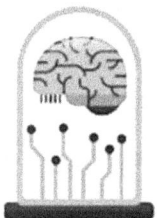

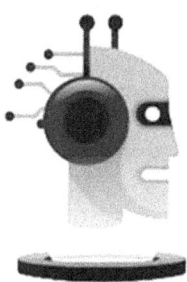
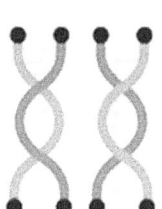

Bibliografía

O. Vilarroya, "Palabra de Robot: Inteligencia Artificial y comunicación".

Miguel D'Addario, "Manual de Robótica".

R. Stallman, "Prueba de Turing".

H. Lozano, "Fundamentos de Sistemas Inteligentes".

M. Bonafio, "Redes neuronales y Sistemas Difusos".

Stuart Russel, Peter Norvir, "Inteligencia artificial".

Turing, A.M, "Computing machinery and intelligence".

Barba, Arturo, "¿Sera posible crear inteligencia artificial?"

Penrose, Roger, "La nueva mente del emperador".

Searle, John, Minds, "Brains and science".

Lazhoz-Beltra. Rafael. "Bioinformática: Simulación, vida artificial e inteligencia artificial".

García Fernández Luis, "Uso y aplicaciones de la inteligencia artificial".

Freeman James, Skapura David. "Redes neuronales. Algoritmos, aplicaciones y técnicas de programación".

J. Monsalve, A. Tematica, P. A. S. Sánchez, A. metodológico and L. F. Aterhortua, "Inteligencia Artificial Aplicada a la robótica".

Wendy B. Rauch-Hindin. "Aplicaciones de la inteligencia artificial en la actividad empresarial, la ciencia y la industria".

De Oliveira Luis, Zampronha Edson, "El computacionalismo clásico y el modelo de una mente creativa en composición musical".

Ferri Benedetti Fabrizio, "Los numerosos problemas de la inteligencia artificial".

Inteligencia Artificial *Miguel D'Addario*

Inteligencia Artificial

Tratados, aplicaciones, usos y futuro

Miguel D'Addario
PhD

Primera edición

Comunidad europea

2019

www.ingramcontent.com/pod-product-compliance
Lightning Source LLC
Chambersburg PA
CBHW060831170526
45158CB00001B/133